もくじ

Contents

検印欄

1－1  速さとその表し方 p.12～13　　月　　日

運動を調べる

物体の運動を調べる方法として，物体の 1＿＿＿＿＿＿が時間とともにどのように変化していくのかをくわしく記録していくことが考えられる。

たとえば，下図の 100 メートル走は，時刻 0 秒にスタート地点(0 m)にいる走者が，ゴール(100 m)の位置にたどり着くまでの 2＿＿＿＿＿＿＿を測定している。時間と位置の関係をくわしく調べていくことにより，運動のようすを知ることができる。

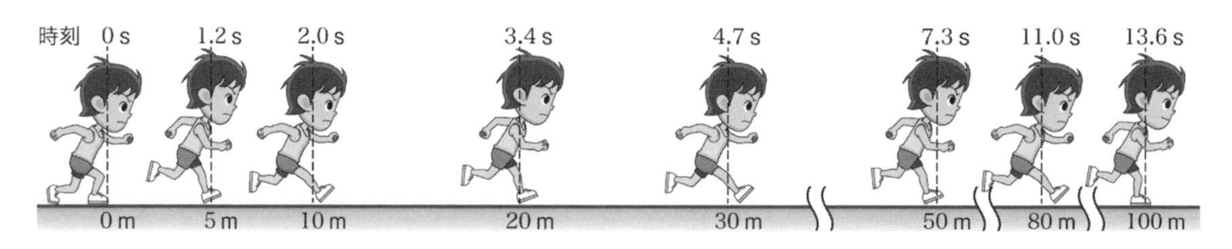

速さ

物体が運動しているとき，どちらが速いかを比べるには，どうすればよいだろうか。たとえば，2 人のどちらが走るのが速いかを比べるには，同時に走ればよい。しかし，自動車と飛行機など，直接比べることができない場合も多い。

このような場合は，速さという量を用いて比べることができる。

そこで，速さを単位時間あたりに移動する 3＿＿＿＿＿＿と定める。つまり，速さは移動距離をかかった 4＿＿＿＿＿＿で割ればよい。式でかくと，次のように表される。

$$速さ = \frac{移動距離}{時間}$$

移動距離の単位をメートル(記号 m)，時間の単位を秒(記号 s)とすると，速さの単位はメートル毎秒(記号 5＿＿＿＿＿＿)となる。このほかに，日常生活の中で，乗り物などの速さを表す際には，キロメートル毎時(記号 6＿＿＿＿＿＿)がよく使われる。これは，移動距離の単位をキロメートル(記号 km)，時間の単位を時(記号 h)としたものである。

問 1 (1) 一定の速さで移動する自転車が 93 m 移動するのに 15 s かかった。この自転車の速さは何 m/s か。

(2) 1.5 m/s の速さで 30 s 間歩いた。このときに進んだ距離は何 m か。

(1)＿＿＿＿＿＿ (2)＿＿＿＿＿＿

考えてみよう

単位の換算

10 m/s と 40 km/h のように，異なる ア＿＿＿＿＿＿ で速さが表されているとき，数値のみでどちらが速いかを判断することは難しい。この場合，10 m/s が何 km/h か，あるいは 40 km/h が何 m/s なのかわからなければならない。単位の換算をおこなうことで，異なる単位で表された速さの大小を比較することができる。

問 2 (1) 100 m を 10 s で走るときの速さは 10 m/s である。この速さは何 km/h か。

(2) 72 km/h は，何 m/s か。

(1)＿＿＿＿＿＿ (2)＿＿＿＿＿＿

●Memo●

1－1 ② 等速直線運動 p.14～15　　月　日

検印欄

運動のようすを表す方法

運動のようすをくわしく調べるためには，どのようにすればよいだろうか。たとえば，

1＿＿＿＿＿＿＿＿を用いる方法がある。

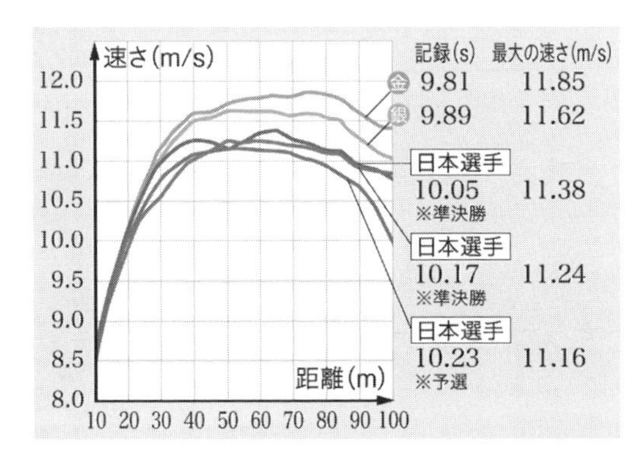

等速直線運動

一直線上を一定の 2＿＿＿＿＿＿で進む物体の運動を 3＿＿＿＿＿＿＿＿＿＿という。

等速直線運動のグラフ

速さ v〔m/s〕で等速直線運動をしている物体がある。この運動のようすを，時間 t〔s〕に対する移動距離 x〔m〕のグラフ（x-t グラフ）と，時間 t〔s〕に対する速さ v〔m/s〕のグラフ（v-t グラフ）に表すと，下図のようになる。

等速直線運動をする物体の x-t グラフは原点を通る直線となり，x-t グラフの傾きはその物体の 4＿＿＿＿＿＿＿を表す。また，等速直線運動をする物体の v-t グラフは t 軸に平行な直線となり，v-t グラフの囲む面積は 5＿＿＿＿＿＿＿＿＿を表す。

下図より，速さ v〔m/s〕，移動距離 x〔m〕，時間 t〔s〕の関係は次式で表される。

$$v=\frac{x}{t},\qquad x=vt$$

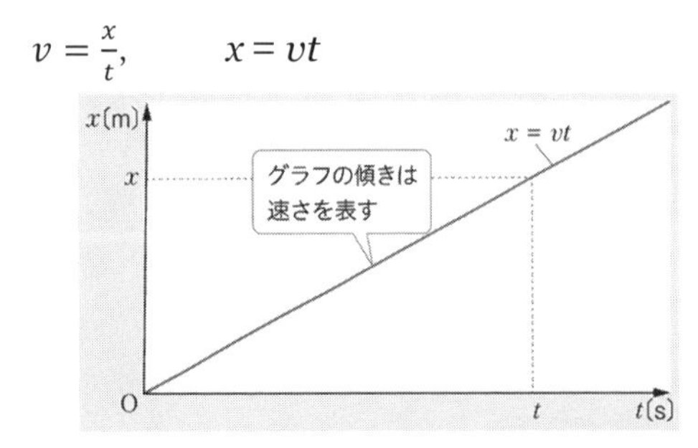

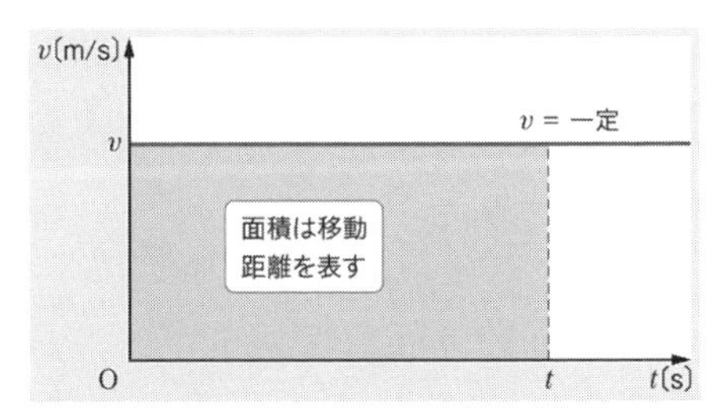

問 3　自転車が速さ 2.0 m/s の等速直線運動をした。時刻 0 s から 5.0 s について，次の問いに答えよ。

(1) 自転車の運動を v-t グラフに表せ。　(2) 自転車の進んだ距離 x〔m〕を v-t グラフから求めよ。

(3) 自転車の運動を x-t グラフに表せ。

(1)　　　　　　　　　　　　(2)＿＿＿＿＿＿　　　　　　　　　　(3)

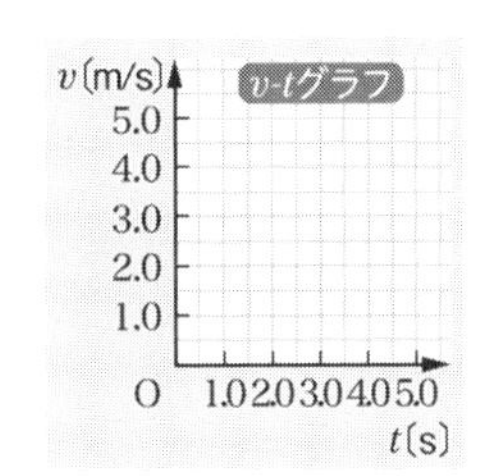

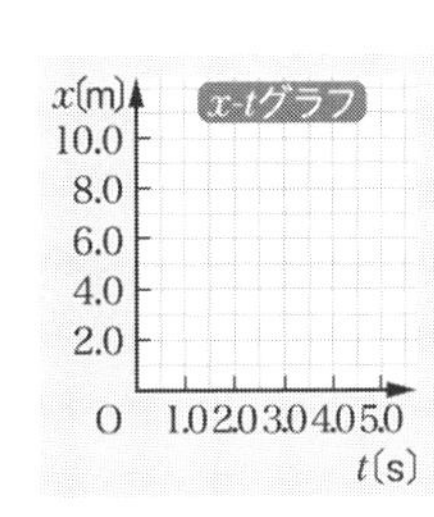

問 4　次のグラフは二つの物体 A，B の運動を表す x-t グラフである。

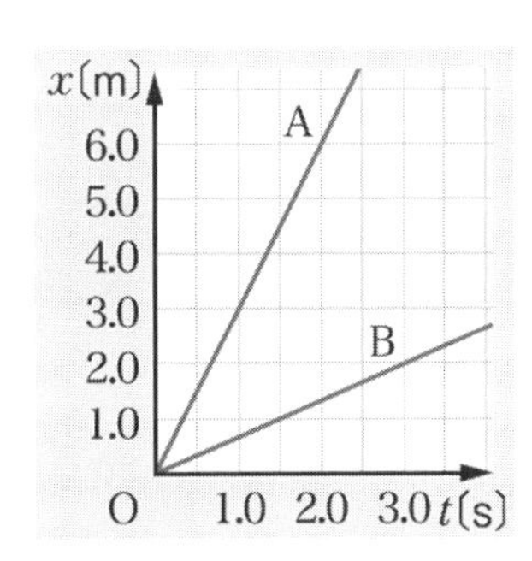

(1) 速さが速いのは A，B のどちらか。　(2) A の速さは B の速さの何倍か。

(1)＿＿＿＿＿　(2)＿＿＿＿＿＿＿

●Memo●

検印欄

1－1  速さと速度・変位 p.16〜17

月　　日

速さと速度

運動のようすを表すためには，速さだけではなく，運動の 1＿＿＿＿＿＿も必要である。そこで，どちらの 1＿＿＿＿＿＿にどれだけの速さで運動しているかを表す量を用いる。これを 2＿＿＿＿＿＿という。

速度の表し方

速度を図で表すときには，下図のように，矢印を用いる。3＿＿＿＿＿＿＿＿を矢印の向きで，その速さを矢印の長さで表す。また，速さを速度の大きさともいう。

一直線上の運動の場合，向きは二つしかないので，正の向きを決めると正(＋)と負(—)の符号を用いて向きを表すことができる。

下図の場合，東向きを正とすると，A の速度は 4＿＿＿＿＿＿ m/s，B の速度は 5＿＿＿＿＿＿ m/s である。

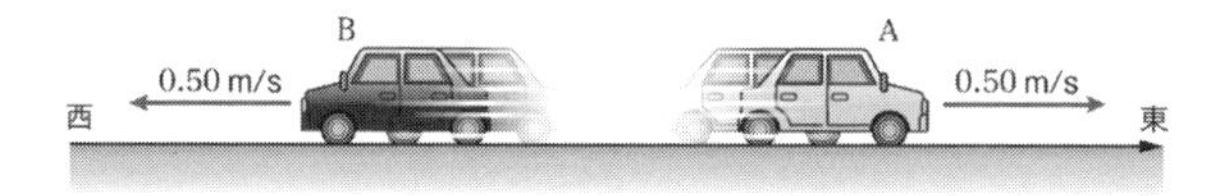

問 5 次の問いに答えよ。

(1) 東西にのびる直線道路上を東向きに速さ 3 m/s で動く場合と，西向きに速さ 5 m/s で動く場合の速度は，それぞれ何 m/s か。東向きを正とし，正負の符号を用いて表せ。

(2) 一直線上を動く物体 A，B について考える。北向きを正とし，物体 A，B の速度がそれぞれ＋7 m/s，−2 m/s と表されるとき，物体 A，B はそれぞれどちら向きに動いているか。

(1) 東向きに速さ 3 m/s で動く場合：＿＿＿＿＿＿ 西向きに速さ 5 m/s で動く場合：＿＿＿＿＿＿

(2) A：＿＿＿＿＿＿ B：＿＿＿＿＿＿

変位と速度

基準からの向きと距離を表す量を 6＿＿＿＿＿＿といい，一直線上では基準として原点 O をとる。正の向きを定めると，位置は 7＿＿＿＿＿＿で表すことができる。

物体の位置がどちら向きにどれだけ変化したかを表す量を 8＿＿＿＿＿＿という。一直線上の運動の場合，速度の向きと同じように，変位の向きも正(+)と負(−)の符号で表すことができる。変位と移動距離は異なる場合がある。

速度は，変位を用いると次式で表される。

$v=\frac{x}{t}$　　v〔m/s〕: 速度，x〔m〕: 変位，t〔s〕: 時間

問 6 図の直線上を物体が運動する場合を考える。次の問いに答えよ。ただし，右向きを正の向きとし，正負の符号を用いて表せ。

(1) 物体が点 O から点 A に向けて速さ 2 m/s で運動するとき，その速度は何 m/s か。また，点 O から点 A までの変位は何 m か。

(2) 物体が点 O から点 B に向けて速さ 2 m/s で運動するとき，その速度は何 m/s か。また，点 O から点 B までの変位は何 m か。

(1)＿速度：＿＿＿＿＿変位：＿＿＿＿＿　(2)＿速度：＿＿＿＿＿変位：＿＿＿＿＿

●Memo●

検印欄

1－1  速度の合成と相対速度 p.18～19　月　日

 速度の合成

下図のように，川を進む船について考える。この船を岸に立つ観測者から見たとき，船が川下に向かって進む場合と川上に向かって進む場合では，船の進む向きだけでなく，速さも異なる。これは，岸から見たときの船の速度 v〔m/s〕は，静水上を進む船の速度 v_1〔m/s〕に水の流れの速度 v_2〔m/s〕が加わると考えると説明できる。

このとき，v を v_1 と v_2 の 1____________といい，1____________を求めることを速度の 2__________という。

合成速度　$v = v_1 + v_2$

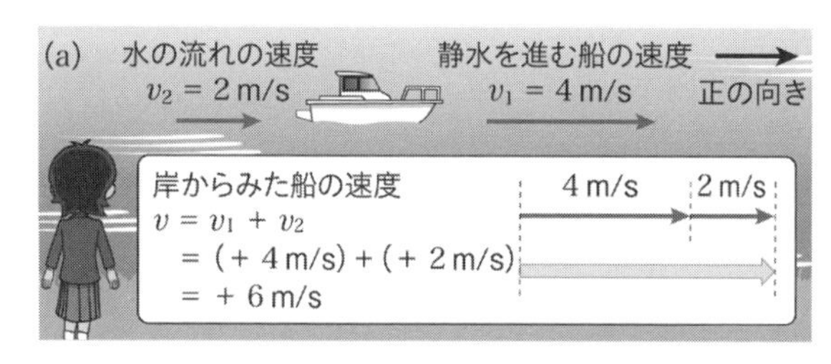

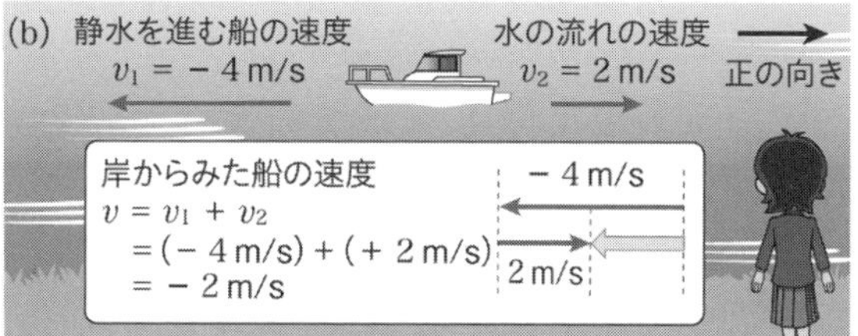

類題 1 静水上を 3.9 m/s の速さで進める船がある。流れの速さが 1.4 m/s の川を進むとき，次の問いに答えよ。ただし，川の流れの向きを正とする。

(1) 船が川をくだるときの岸から見た船の速度はいくらか。

(2) 船が川をのぼるときの岸から見た船の速度はいくらか。

(1)________________　(2)________________

相対速度

右図のように，直線道路をバスと自動車がどちらも東向きに運動している場合を考える。バスに乗っている観測者 A から自動車 B を見たとき，①〜③の場合はそれぞれ次のように見える。

①自動車は速さ 3_________ km/h で遠ざかる(東へ進む)。

②自動車は止まっている。

③自動車は速さ 4_________ km/h で近づく(西へ進む)。

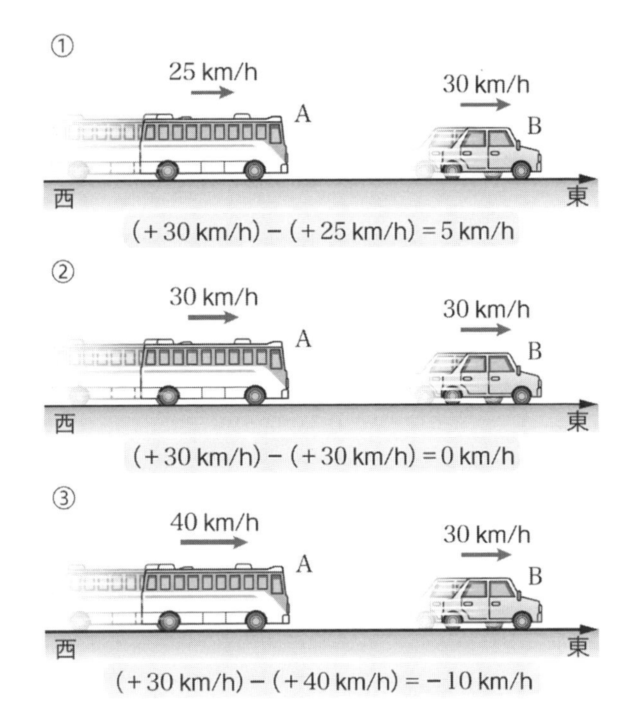

速度 v_A〔m/s〕の観測者 A から見た速度 v_B〔m/s〕の物体 B の速度 v_{AB}〔m/s〕を，A に対する B の 5_______________ という。

相対速度　$v_{AB} = v_B - v_A$

類題 2　バス A が東向きに速さ 50 km/h，自動車 B が東向きに速さ 35 km/h で走っている。次の問いに答えよ。

(1) A に対する B の相対速度 v_{AB} はいくらか。　(2) B に対する A の相対速度 v_{BA} はいくらか。

(1)_______________　(2)_______________

●Memo●

検印欄

1－1 5 加速度 p.20〜21　　月　日

速度の変わる運動

下図は，新幹線と人が静止している状態から走りだした直後のようすである。新幹線と人を比較すると，最高速度は新幹線の方が速いが，動きだした直後は人の方が速い。つまり，人の方がすぐに 1＿＿＿＿＿＿が増すことがわかる。

このような速度が増すようすを比較するためには，加速度という量を用いればよい。加速度を単位時間あたりの 2＿＿＿＿＿＿＿＿を表す量と定める。加速度の単位は，メートル毎秒毎秒(記号 3＿＿＿＿＿＿)である。また，加速度は物体が加速するときだけではなく，減速するときにも用いられる。

時刻 t_1，t_2〔s〕における速度をそれぞれ v_1，v_2〔m/s〕とすると，加速度 a〔m/s²〕は次式で表される。

加速度　$a = \frac{v_2 - v_1}{t_2 - t_1}$

加速度の符号

物体が運動するとき，速度が増加する場合，減少する場合，変化しない場合がある。加速度の式より，一直線上を正の向きに運動する物体の加速度は，速度が増加する場合は 4＿＿＿＿＿，減少する場合は 5＿＿＿＿＿，変化しない場合は 6＿＿＿＿＿となる。加速度も，速度と同様に大きさと 7＿＿＿＿＿＿をもつ量である。

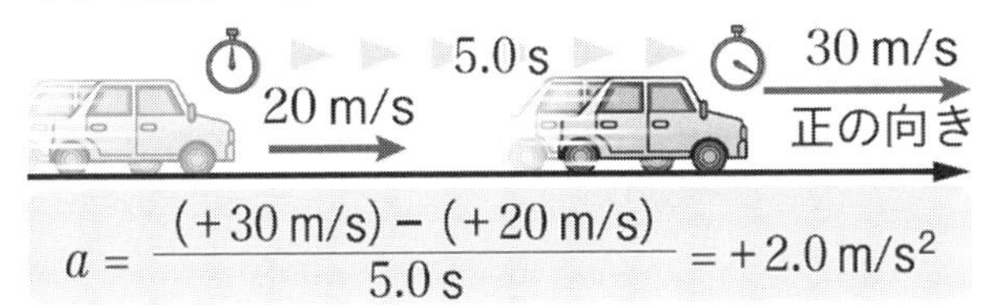

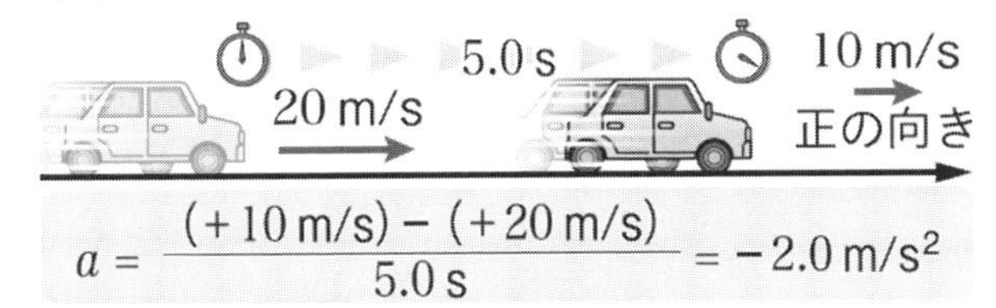

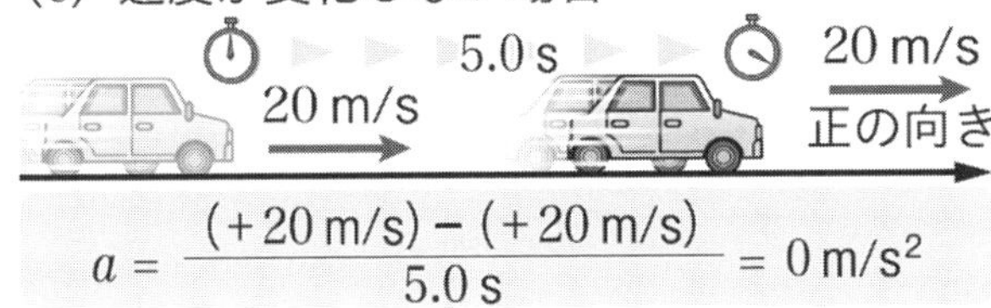

問 7 一直線の道路を一定の加速度で正の向きに走っている自動車について，次の問いに答えよ。

⑴ 速度 10 m/s で走っている自動車が 8.0 s 間に速度 26 m/s まで加速した。加速度は何 $\mathrm{m/s^2}$ か。

⑵ 速度 24 m/s で運動している自動車が 6.0 s 間で速度 12 m/s まで減速した。加速度は何 $\mathrm{m/s^2}$ か。

⑴________ ⑵________

●Memo●

1－1  等加速度直線運動 p.22〜23　　月　　日

検印欄

だんだん速くなる運動の規則性(結果)

下表は斜面をくだる力学台車の運動のようすを調べた実験の結果の一例である。

時間(s)	区間	中央時刻(s)	間隔(cm)	速度(m/s)
0				
0.10	AB	0.05	1.51	0.151
0.20	BC	0.15	3.19	0.319
0.30	CD	0.25	5.05	0.505
0.40	DE	0.35	6.72	0.672
0.50	EF	0.45	8.50	0.850
0.60	FG	0.55	10.29	1.029
0.70	GH	0.65	12.10	1.210
0.80	HI	0.75	13.85	1.385
0.90	IJ	0.85	15.50	1.550
1.00	JK	0.95	16.98	1.698

間隔は各区間における変位を表す。

斜面をくだる力学台車の運動の結果を v-t グラフで表すと，下図のようにグラフは右上がりの直線となる。つまり，速度が時間に対して一定の割合で 1____________していることがわかる。すなわち，この運動は 2____________が一定の直線運動である。

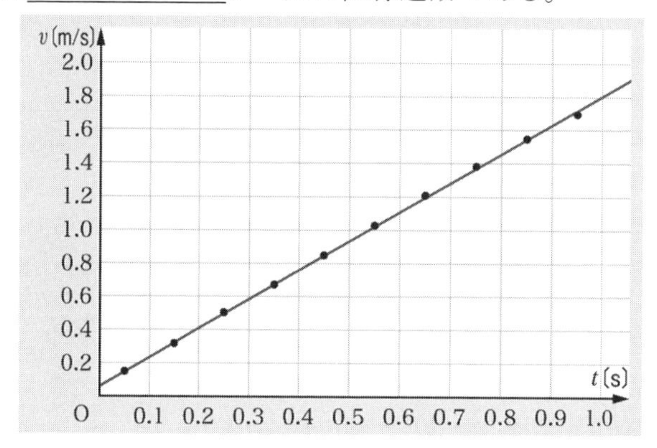

等加速度直線運動

一直線上を一定の 2____________で進む運動を等加速度直線運動という。また，時刻 0 s における速度 v_0〔m/s〕を 3____________という。一般に，斜面をくだる力学台車の v-t グラフは，次の図のようになる。

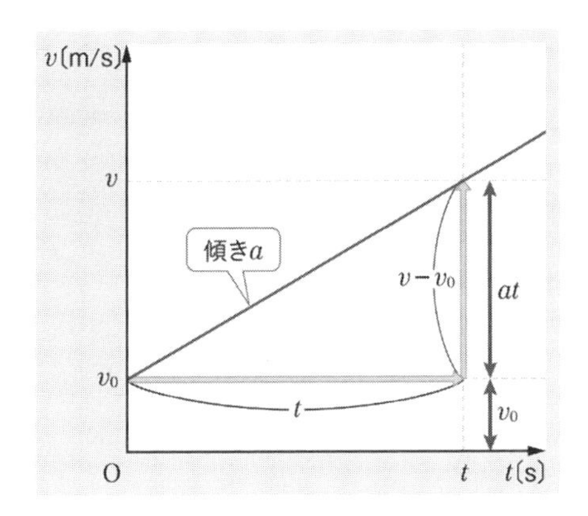

加速度はv-tグラフの4 ＿＿＿＿＿＿ a〔m/s²〕で表されるので，時間t〔s〕後の物体の速度v〔m/s〕は次式で表される。

v ＝ 5＿＿＿＿＿＿

また，時間t〔s〕後の物体の変位x〔m〕は次式で表される。

$$x = v_0 t + \frac{1}{2}at^2$$

vの式とxの式から時間tを消去すると，物体の速度v〔m/s〕と変位x〔m〕の関係は次式で表される。

$v^2 - {v_0}^2 =$ 6＿＿＿＿＿＿

類題3　静止していた自動車が，右向きに1.5 m/s²の一定の加速度で走りはじめた。次の問いに答えよ。

(1) 走りはじめてから3.0 s後の自動車の速度はいくらか。　(2) 走りはじめてから2.0 s間の自動車の変位はいくらか。

(3) 自動車が走りはじめてから27 m進んだときの速度はいくらか。

(1)＿＿＿＿＿＿　(2)＿＿＿＿＿＿　(3)＿＿＿＿＿＿

●Memo●

検印欄

1－1  自由落下運動・鉛直投げ下ろし運動 p.24～25　月　日

 重力加速度

地球上のすべての物体は重力を受けている。このとき，空気の影響がないか，空気中でもその影響が無視できるほど小さいとき，投げだされた物体はすべて，加速度が鉛直下向きで一定の大きさの等加速度直線運動をする。このときの加速度を 1________________といい，その大きさを文字 g で表す。地球上では，場所によりわずかな違いはあるが，g はほぼ 9.8 m/s² である。

自由落下運動

物体を静止した状態(初速度 0 m/s)から落下させたときの運動を 2________________運動という。鉛直下向きを正，物体の最初の位置を原点とする。自由落下運動は，初速度 3_________ m/s，加速度の大きさ g〔m/s²〕の等加速度直線運動である。落下しはじめてから t〔s〕後の速度を v〔m/s〕，その間の変位を y〔m〕とすると，自由落下運動は次式で表される。

$v =$ 4__________　　$y = \frac{1}{2}gt^2$　　$v^2 =$ 5____________

問 8 小球を静かに落下させたとき，次の問いに答えよ。ただし，鉛直下向きを正，重力加速度の大きさを 9.8 m/s² とする。

(1) 2.0 s 後の速度は何 m/s か。

(2) 落下を開始してから 2.0 s 後までの変位は何 m か。

(3) 小球の変位が 4.9 m となるのは，落下開始から何 s 後か。

(1)____________ (2)____________ (3)____________

鉛直投げ下ろし運動

物体を真下に投げ下ろすと，自由落下運動と同様に加速度が鉛直下向きで大きさ $g\,(=9.8\ \mathrm{m/s^2})$ の等加速度直線運動をする。この運動を 6________________運動という。自由落下運動との違いは，鉛直下向きの初速度をもつことである。

鉛直下向きを正，物体の最初の位置を原点とする。鉛直投げ下ろし運動は，初速度 v_0〔m/s〕，加速度の大きさ g〔$\mathrm{m/s^2}$〕の等加速度直線運動である。投げ下ろしてから t〔s〕後の速度を v〔m/s〕，変位を y〔m〕とすると，鉛直投げ下ろし運動は次式で表される。

$v =$ 7____________　　$y = v_0 t + \frac{1}{2}gt^2$　　$v^2 - {v_0}^2 =$ 8____________

類題 4 高さ 9.9 m の建物の屋上から鉛直下向きに初速度 3.0 m/s で小球を投げ下ろした。次の問いに答えよ。ただし，鉛直下向きを正，重力加速度の大きさを 9.8 $\mathrm{m/s^2}$ とする。

(1) 1.0 s 後の速さはいくらか。

(2) 投げ下ろしてから 1.0 s 後までの変位はいくらか。

初速度を変えて小球を投げ下ろしたところ，1.0 s 後に小球が地面に到達した。

(3) このとき，初速度はいくらか。

(1)__________　(2)__________　(3)__________

●Memo●

1－1　8　鉛直投げ上げ運動・水平投射運動　p.26～27　月　日

検印欄

鉛直投げ上げ運動

物体を鉛直上向きに投げ上げる場合を考えてみる。この場合，加速度が鉛直 1＿＿＿＿＿＿＿で大きさが g（＝9.8 m/s²）の等加速度直線運動をする(下図)。この運動を 2＿＿＿＿＿＿＿＿＿運動という。

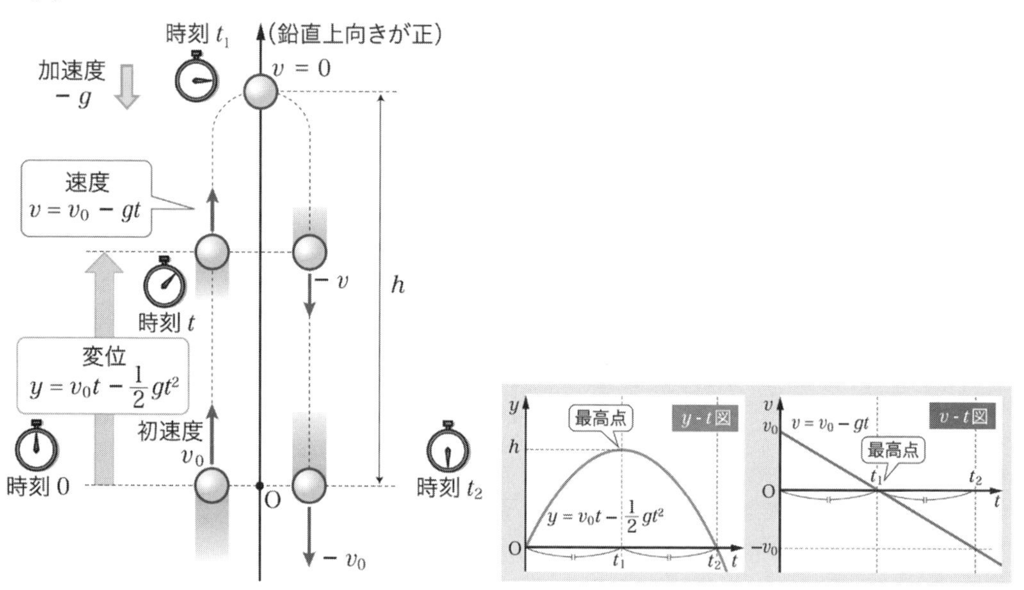

鉛直上向きを正とし，物体の最初の位置を原点とする。鉛直投げ上げ運動は，初速度 v_0〔m/s〕，加速度 $-g$〔m/s²〕の等加速度直線運動である。投げ上げてから t〔s〕後の速度を v〔m/s〕，変位を y〔m〕とすると，次式で表される。

$$v=v_0-gt \qquad y=v_0t-\frac{1}{2}gt^2 \qquad v^2-{v_0}^2=$$ 3＿＿＿＿＿＿＿

鉛直投げ上げ運動では，投げ上げてから 4＿＿＿＿＿＿＿までは上向きにだんだん遅くなる運動，4＿＿＿＿＿＿＿を過ぎると下向きにだんだん速くなる運動となる。鉛直上向きを正とすると，上昇しているときだけでなく，最高点や下降しているときも加速度は 5＿＿＿＿＿となる。

鉛直投げ上げ運動では途中で運動の向きが変わり，最高点で速度は 0 m/s となる。上図からわかるように，投げ上げてから最高点に達するまでの時間と最高点から投げ上げた点に戻ってくるまでの時間は 6＿＿＿＿＿＿＿。また，同じ高さの点を上向きに通過するときの速さと下向きに通過するときの速さは等しい。

類題5　小球を地面から初速度 24.5 m/s で真上に投げ上げた。次の問いに答えよ。ただし，投げ上げた点を原点，鉛直上向きを正とし，重力加速度の大きさを 9.8 m/s^2 とする。

(1) 2.0 s 後の小球の速度はいくらか。　(2) 2.0 s 間の小球の変位はいくらか。

(3) 最高点の地面からの高さはいくらか。　(4) 3.0 s 後の小球の速度はいくらか。

(1)＿＿＿＿＿＿　(2)＿＿＿＿＿＿　(3)＿＿＿＿＿＿　(4)＿＿＿＿＿＿

水平投射運動

物体を水平に投げだすと，下図のような曲線をえがく。この運動を水平投射運動という。水平投射運動の軌跡を表す曲線を 7＿＿＿＿＿＿という。

水平投射運動では，下図より，物体は，鉛直方向には 8＿＿＿＿＿＿運動を，水平方向には 9＿＿＿＿＿＿運動をすることがわかる。

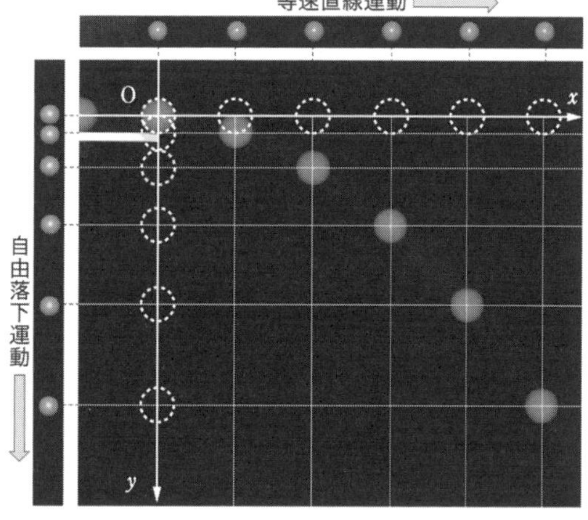

●Memo●

1－2  力 p.34～35

月　日

検印欄

力

ラケットでテニスボールを打つと，ボールが変形し，ボールの運動の向きも変わる。このように，力には，物体を変形させたり，物体の 1__________の状態を変えたりするはたらきがある。

力のはたらきは，力の向き，力の大きさ，作用点(物体が 2__________を受ける点）で決まる。これらを力の三要素という。作用点を通り，力の向きに沿って引いた直線を作用線という。力の大きさの単位には，ニュートン(記号 3__________)を用いる。力は大きさと 4__________をもつベクトル量であり，記号$\vec{F}$のように，文字の上に矢印をつけて表す。

いろいろな力

私たちの身のまわりには，重力，摩擦力，磁力(磁気力)，静電気力など，さまざまな力がある。これらの力は，摩擦力，垂直抗力，張力など，接触している物体から受ける力と，重力，磁力，静電気力など，離れている物体から受ける力に分けられる。

重力は物体が地球から受ける力である。地球上で質量 1 kg の物体にはたらく重力の大きさは 9.8 N であることが知られている。物体が受ける重力の大きさを物体の 5__________という。

糸でおもりをつるしたとき，おもりは糸から力を受けて静止している。このように，糸がピンと張っているときに物体が糸から受ける力を張力という。

机の上に置かれた本は，机から力を受けて静止している。物体が面から 6__________な方向に受ける力を垂直抗力という。

フックの法則

物体をつないだばねを自然の長さから伸び縮みさせると，物体はもとに戻ろうとするばねから力を受ける。この力をばねの 7＿＿＿＿＿＿ という。ばねの弾性力の大きさ F〔N〕は，自然の長さからのばねの 8＿＿＿＿＿＿(または縮み) x〔m〕に 9＿＿＿＿＿＿ する。これをフックの法則といい，比例定数をばね定数という。ばね定数を k〔N/m〕とすると，フックの法則は次式で表される。

フックの法則　$F = kx$

フックの法則を用いると，ばね定数のわかっているばねの伸び(または縮み) から，

10＿＿＿＿＿＿ の大きさを知ることができる。

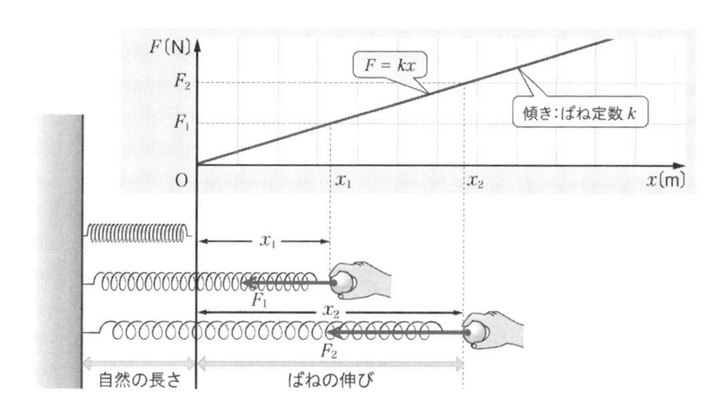

問 9　重さ 10 N のおもりをつるすと，自然の長さから 0.20 m 伸びるばねがある。

(1) このばねのばね定数は何 N/m か。

(2) このばねを自然の長さから 0.40 m 縮めるには，何 N の力が必要か。

(1)＿＿＿＿＿＿　(2)＿＿＿＿＿＿

●Memo●

1－2 ② 力の合成・分解 p.36～37

月　日

検印欄

力の合成

一つの物体が$\vec{F_1}$, $\vec{F_2}$の 2 力を同時に受けるとき，それと同じはたらきをする力$\vec{F}$を$\vec{F_1}$，$\vec{F_2}$の 1＿＿＿＿＿＿という。合力を求めることを力の合成という。

(a)

(b)

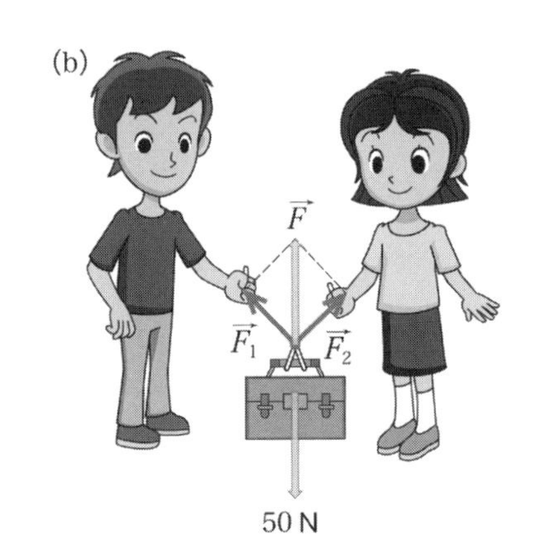

大きさがそれぞれ F_1，F_2〔N〕の 2 力が一直線上にある場合，2 力が同じ向きであれば F_1 と F_2 の 2＿＿＿＿＿が合力の大きさを表す。逆向きであれば F_1 と F_2 の 3＿＿＿＿＿が合力の大きさを表す(右図)。

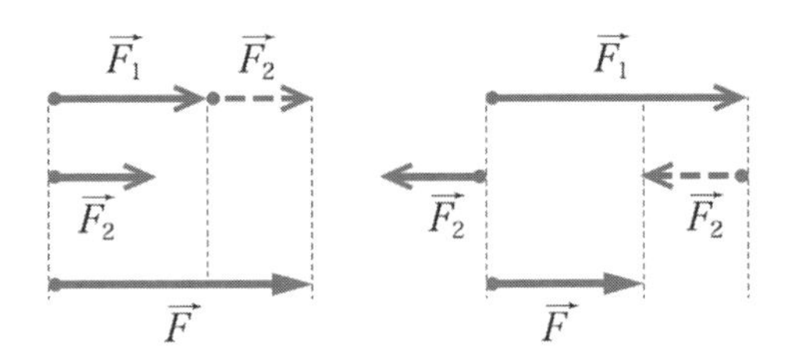

2 力が一直線上にない場合，2 力$\vec{F_1}$，$\vec{F_2}$を 2 辺とする平行四辺形をつくると，その 4＿＿＿＿＿＿が 2 力の合力$\vec{F}$となる(右図)。

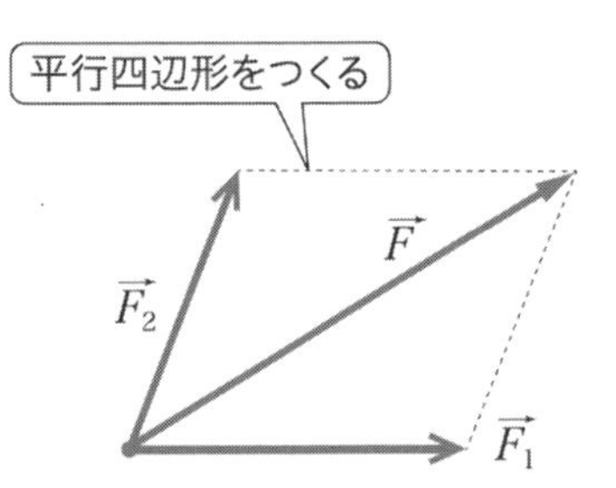

問 10 次の 2 力の合力を作図せよ。

(1)

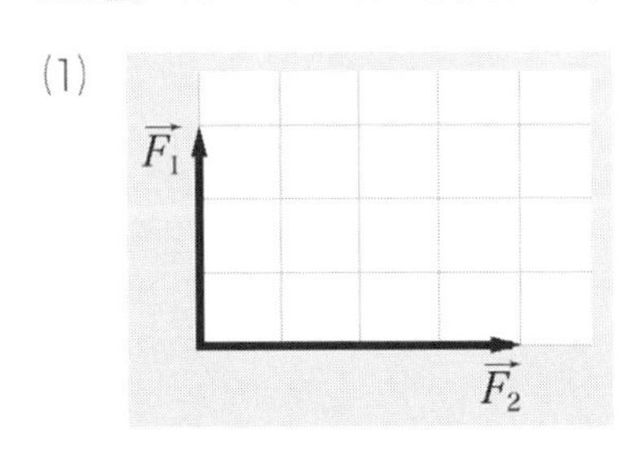

(2)

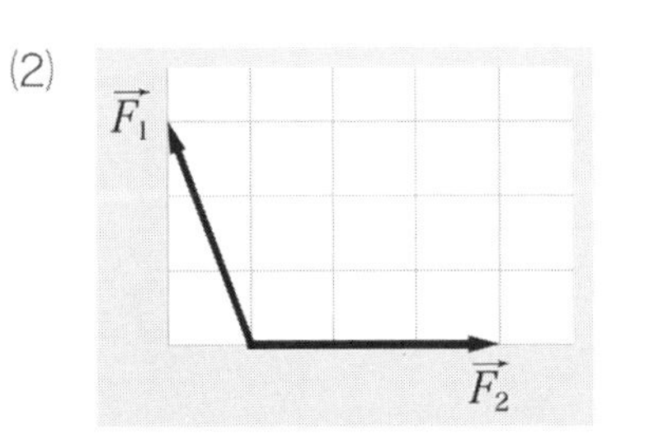

力の分解と成分

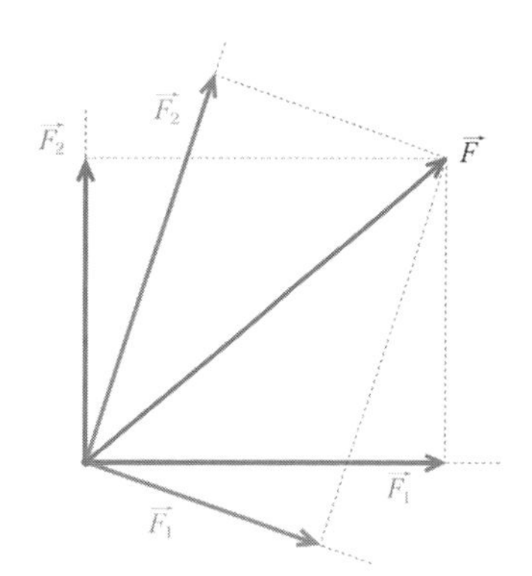

力の合成とは反対に，一つの力$\vec{F}$を，これと同じはたらきをする 2 力$\vec{F_1}$，$\vec{F_2}$に分けることを力の 5____________という。また，分解された 2 力を 6____________という。

問 11 図のように斜面にブロックが置かれている。このブロックにはたらく重力を，斜面に平行な方向と斜面に垂直な方向とに分解し，分力を作図せよ。

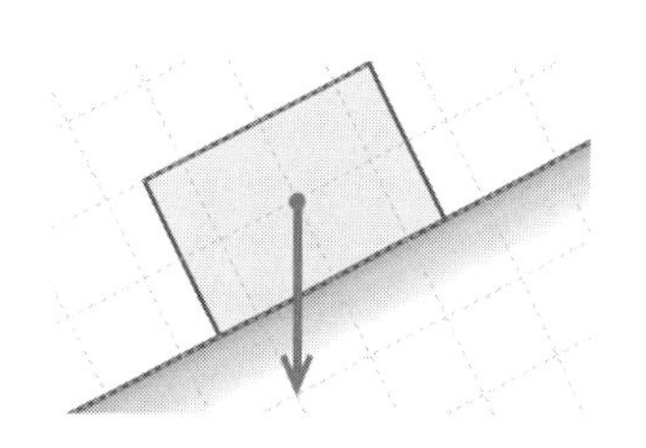

物体が受ける力は，直交している x 軸，y 軸方向の分力$\vec{F_x}$，$\vec{F_y}$に分解すると，扱いが便利である。$\vec{F_x}$，$\vec{F_y}$の大きさに，正負の符号をつけたものを$\vec{F}$の 7____________，8____________といい，F_x，F_yと表す。

問 12 次の問いに答えよ。ただし，1 目盛を 1 N とする。

(1) $\vec{F}$の x 成分と y 成分はそれぞれ何 N か。

(2) $\vec{F'}$ の x 成分と y 成分はそれぞれ何 N か。

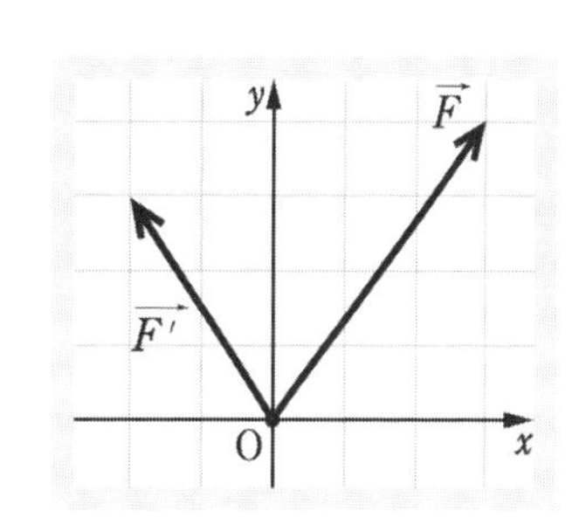

(1)___x 成分：______y 成分：______　(2)___x 成分：______y 成分：______

●Memo●

1－2  力のつりあい p.40〜41

月　日

検印欄

力のつりあい

図のように，球に下向きの重力がはたらいているが，同時に糸からの張力が上向きにはたらいているため，球は下に落ちずに静止している。このように，複数の力を受けている物体が静止しているとき，それらの力は 1＿＿＿＿＿＿＿＿という。

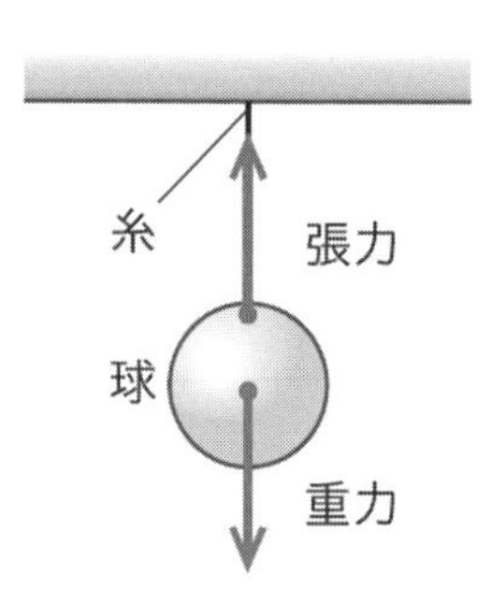

図のように，軽い棒が左右から力を受けて静止しているとき，棒が受ける 2 力はつりあっている。このとき，2 力は同一直線上にあり，2＿＿＿＿＿向きで大きさは 3＿＿＿＿＿＿。そのため，2 力の合力の大きさは 4＿＿＿＿＿である。

問 13　重さ 5.0 N の物体が水平な床の上に置かれて静止している。このとき，物体が床から受ける垂直抗力の大きさは何 N か。

図のように，物体が三つの力$\vec{F_1}$，$\vec{F_2}$，$\vec{F_3}$を受けて静止しているとき，これらの力はつりあっている。

このとき，3 力の合力の大きさは 5＿＿＿＿＿である。ここで，$\vec{F_1}$，$\vec{F_2}$の合力$\vec{F}$を考えると，$\vec{F}$と$\vec{F_3}$が 6＿＿＿＿＿＿＿＿と考えることができる。

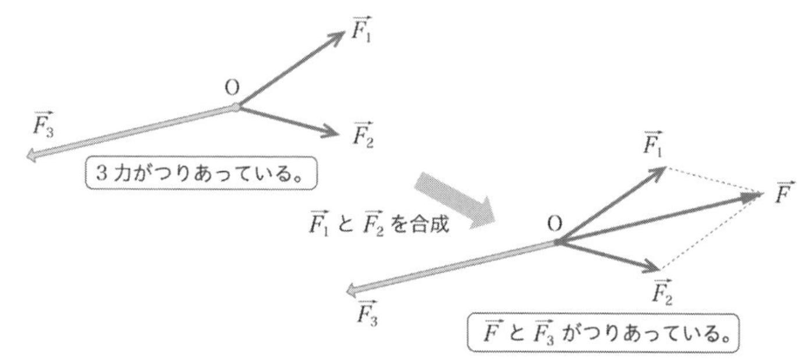

問 14 平面上において図の矢印で表された3 力がつりあっているとき，力$\vec{F}$の大きさは何 N か。

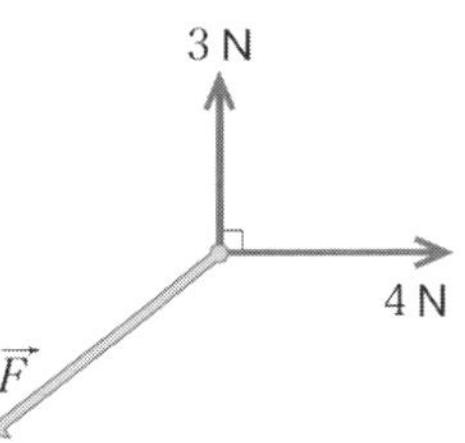

力のつりあいの成分表示

図のように 3 力$\vec{F_1}$，$\vec{F_2}$，$\vec{F_3}$がつりあっているとき，それぞれの力を x 成分，y 成分に分けて考えると，

$F_{1x} + F_{2x} + F_{3x} =$ 7＿＿＿＿＿

$F_{1y} + F_{2y} + F_{3y} =$ 8＿＿＿＿＿

がなりたつ。

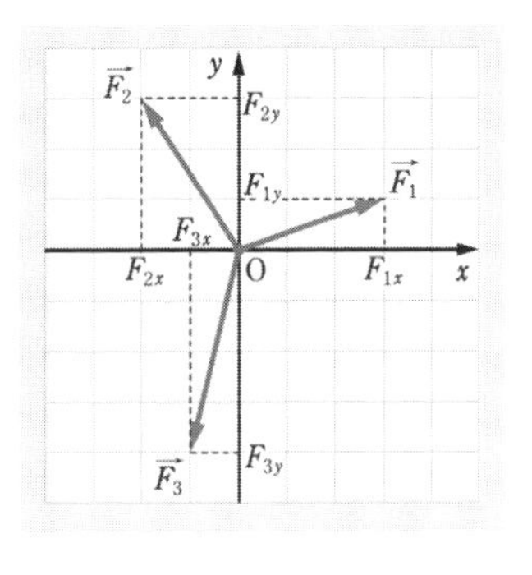

類題 6 3 本の糸をつけた物体を水平面上に置く。この平面内で図のように 3 本の糸をそれぞれ引いたところ，物体は静止したままであった。このときの 3 本の糸の張力の大きさをそれぞれ T_1，T_2，T_3とする。$T_1 = 30$ N のとき，次の問いに答えよ。ただし，$\sqrt{3} = 1.7$ とする。

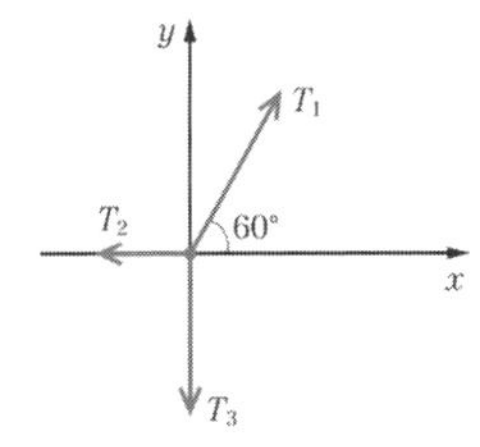

(1) T_1 の x 成分と y 成分はそれぞれいくらか。 (2) T_2の x 成分はいくらか。 (3) T_3の y 成分はいくらか。

(1)＿x 成分：＿＿＿＿y 成分：＿＿＿＿ (2)＿＿＿＿＿ (3)＿＿＿＿＿

●Memo●

検印欄

1－2  作用反作用 p.42〜43

月　日

作用と反作用

力はつねに二つの物体の間で互いに及ぼしあう。この二つの力の一方を作用，もう一方を 1＿＿＿＿＿という。この二つの力の間には，2＿＿＿＿＿＿の法則がなりたつ。

2 力のつりあいと作用反作用

3＿＿＿＿＿＿にある 2 力と作用反作用の関係にある 2 力は，区別しなくてはならない。そのとき，どの物体が受ける力であるか明確にすることが大切である。

A　B

問 15 上図で B さんが A さんを 10 N の大きさの力で左向きに押したとする。このとき，A さんは B さんを何 N の力で押したと考えられるか。

考えてみよう

類題 7 水平な机の上に本を置いた。全体が静止しているとき，次の問いに答えよ。

(1) 机が受ける力をすべてあげよ。

(2) (1)のそれぞれの力の反作用をあげよ。

(1)＿＿＿＿＿＿＿＿＿＿

(2)＿＿＿＿＿＿＿＿＿＿

問 16 重さ 10 N の物体を糸につるして静止させた。次の問いに答えよ。

(1) 物体が受ける力をすべてあげよ。　(2) (1)のそれぞれの力の大きさは何 N か。

(3) (1)のそれぞれの力の反作用をあげよ。　(4) (3)のそれぞれの力の大きさは何 N か。

(1)＿＿＿＿＿＿＿＿　(2)＿＿＿＿＿＿＿＿＿＿＿＿

(3)＿＿＿＿＿＿＿＿＿＿＿＿＿＿＿＿＿＿＿＿＿＿＿＿＿＿＿＿＿＿

(4)＿＿＿＿＿＿＿＿＿＿＿＿＿＿＿＿＿＿

類題 8 水平な机の上に本を置き，その上にりんごを置いた。本とりんごが静止しているとき，次の問いに答えよ。

(1) りんごが受ける力をすべてあげよ。　(2) (1)のそれぞれの力の反作用をあげよ。

(1)＿＿＿＿＿＿＿＿＿＿＿＿＿＿＿＿＿＿＿＿＿＿＿＿＿＿

(2)＿＿＿＿＿＿＿＿＿＿＿＿＿＿＿＿＿＿＿＿＿＿＿＿＿

＿＿＿＿＿＿＿＿＿＿＿＿＿＿＿＿＿＿＿＿＿＿＿＿＿

問 17 類題 8 において，本の重さが 3 N，りんごの重さが 2 N のとき，次の問いに答えよ。

(1) りんごが本から受ける力の大きさは何 N か。　(2) 本がりんごから受ける力の大きさは何 N か。

(3) 本が机から受ける力の大きさは何 N か。

(1)＿＿＿＿　(2)＿＿＿＿　(3)＿＿＿＿

●Memo●

検印欄

1－2  5 慣性の法則 p.44〜45

月　日

慣性

止まっている電車が急に動きだすと，車内にいる人は 1＿＿＿＿＿＿に倒れそうになる。また，走っている電車がブレーキをかけると，2＿＿＿＿＿に倒れそうになる。このことは，電車の外から見れば，止まっている人は3＿＿＿＿＿＿続けようとし，動いている人は4＿＿＿＿＿＿続けようとするためだと考えられる。このように，すべての物体には，現在の運動の状態を保とうとする性質がある。この性質を物体の慣性という。慣性は，だるま落としなどでも観察することができる。

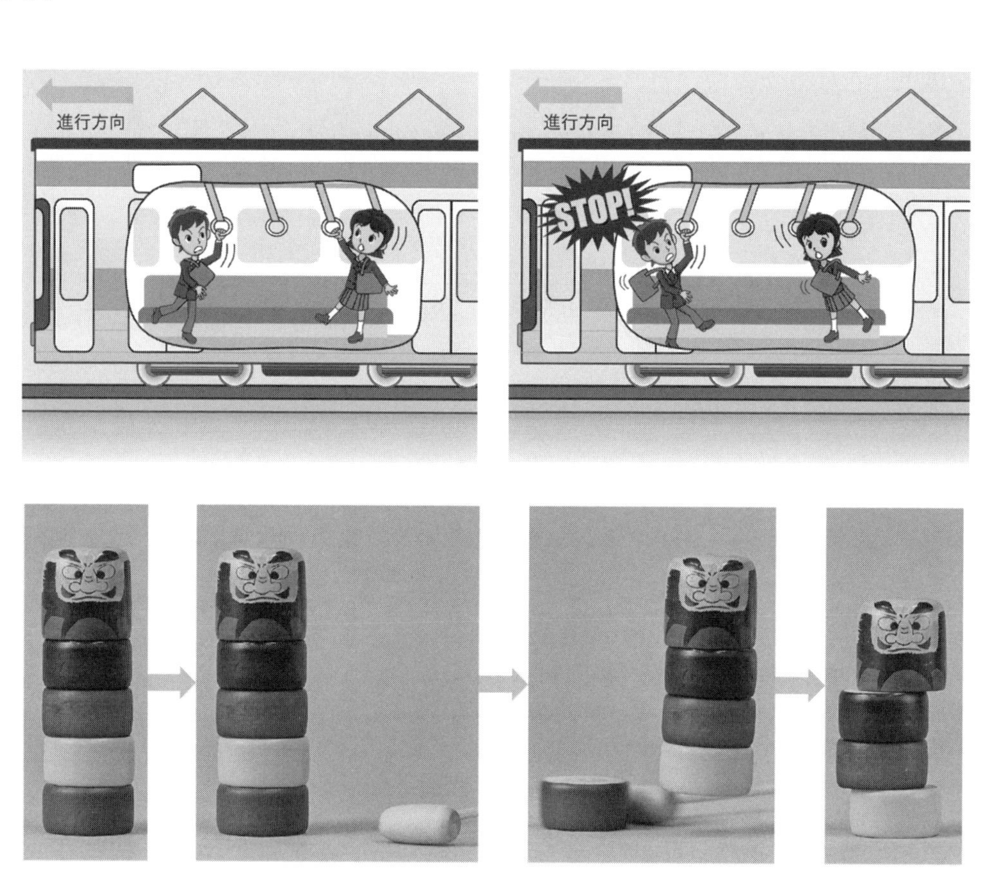

慣性の法則

下図は，エアトラックという装置の上を滑走体が運動しているようすである。エアトラックは，レールの下から空気が吹きだして滑走体をもち上げる。そのため，滑走体はほとんど減速せず，5＿＿＿＿＿＿で運動を続けることができる。

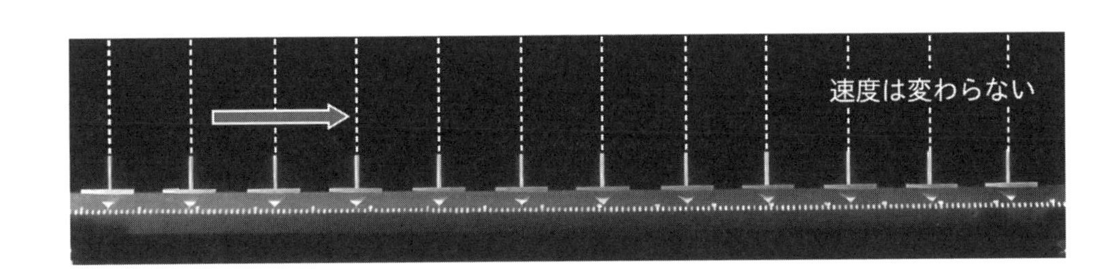

エアトラック上を進む滑走体は，運動する方向に 6＿＿＿＿＿を受けていない。よって，外部から 6＿＿＿＿＿を受けない場合，または外部から受ける力がつりあっていて合力が 7＿＿＿＿＿の場合，物体の運動の 8＿＿＿＿＿＿や速さは変化しないことがわかる。これは，次のように慣性の法則としてまとめることができる。

重要法則　慣性の法則（運動の第一法則）

物体が外部から 6＿＿＿＿＿を受けない，あるいは外部から受ける力の合力が 7＿＿＿＿＿の場合，静止している物体は 9＿＿＿＿＿＿を続け，運動している物体は 10＿＿＿＿＿＿＿＿＿＿を続ける。

●Memo●

検印欄

1－2  運動の法則(力と加速度の関係) p.46～47 月 日

力と加速度

物体に生じる加速度の大きさは,物体が受ける力の大きさとどのような関係があるのだろうか。

			引く力1 (0.49 N)		引く力2 (0.98 N)		引く力3 (1.47 N)	
時間(s)	区間	中央時刻(s)	区間の変位(cm)	速度(m/s)	区間の変位(cm)	速度(m/s)	区間の変位(cm)	速度(m/s)
0								
	AB	0.05	1.31	0.131	1.90	0.190	2.02	0.202
0.10								
	BC	0.15	1.75	0.175	2.75	0.275	3.40	0.340
0.20								
	CD	0.25	2.27	0.227	3.63	0.363	4.72	0.472
0.30								
	DE	0.35	2.60	0.260	4.50	0.450	6.01	0.601
0.40								
	EF	0.45	3.01	0.301	5.25	0.525	7.32	0.732
0.50								
	FG	0.55	3.39	0.339	6.20	0.620	8.69	0.869
0.60								
	GH	0.65	3.77	0.377	7.01	0.701	9.99	0.999
0.70								

実験結果を v-t グラフにすると，図(a)のようになる。v-t グラフが直線になることより，この運動は 1＿＿＿＿＿＿＿＿＿であることがわかる。v-t グラフから加速度の大きさを求めるには，①～③のようにグラフの 2＿＿＿＿＿を調べればよい。

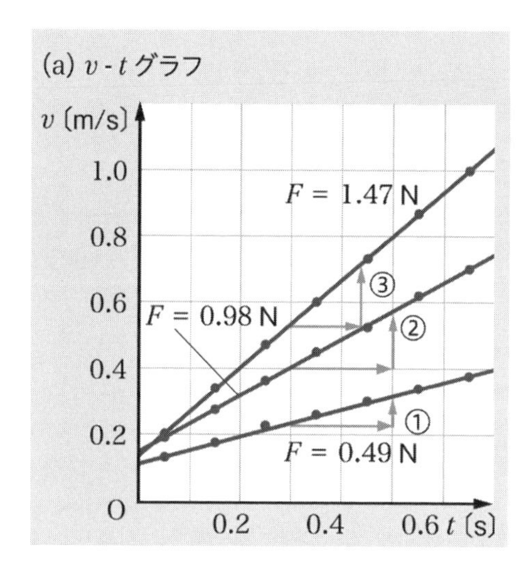

求めた加速度の大きさと加えた力の大きさから a-F グラフをかくと，図(b)のようになる。

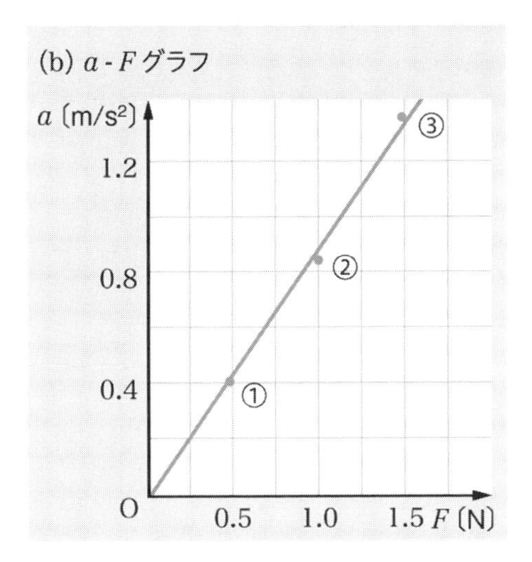

下図のように，同じ力学台車を引く力の大きさを2倍，3倍に大きくしていったとき，力学台車に生じる加速度の大きさは 3________ 倍，4________ 倍となる。

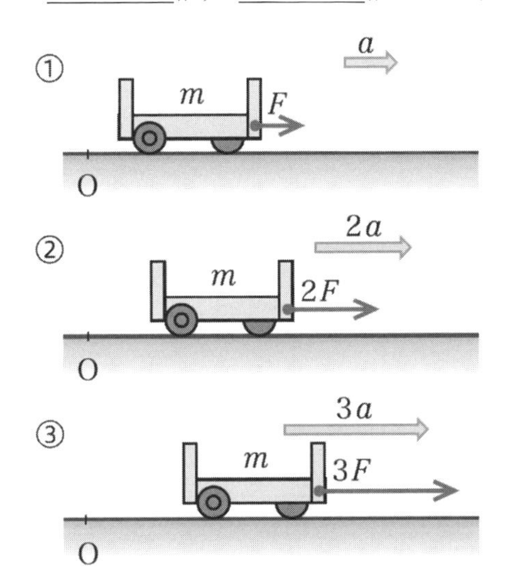

よって，物体が受ける力の大きさと物体に生じる加速度の大きさには，次のような関係がある。

質量が一定のとき，物体に生じる加速度の大きさは，その物体が受ける力の大きさに

5__________ する。

●Memo●

検印欄

1－2  運動の法則(質量と加速度の関係) p.48〜49　月　日

質量と加速度

物体に生じる加速度の大きさは，物体の質量とどのような関係があるのだろうか。

時間〔s〕	区間	中央時刻〔s〕	質量1 (1.0 kg) 区間の変位〔cm〕	質量1 (1.0 kg) 速度〔m/s〕	質量2 (2.0 kg) 区間の変位〔cm〕	質量2 (2.0 kg) 速度〔m/s〕	質量3 (3.0 kg) 区間の変位〔cm〕	質量3 (3.0 kg) 速度〔m/s〕	質量4 (4.0 kg) 区間の変位〔cm〕	質量4 (4.0 kg) 速度〔m/s〕
0										
	AB	0.05	1.90	0.190	1.28	0.128	1.29	0.129	1.11	0.111
0.10										
	BC	0.15	2.75	0.275	1.81	0.181	1.52	0.152	1.31	0.131
0.20										
	CD	0.25	3.63	0.363	2.11	0.211	1.81	0.181	1.52	0.152
0.30										
	DE	0.35	4.50	0.450	2.59	0.259	2.05	0.205	1.69	0.169
0.40										
	EF	0.45	5.25	0.525	3.08	0.308	2.40	0.240	1.95	0.195
0.50										
	FG	0.55	6.20	0.620	3.42	0.342	2.69	0.269	2.15	0.215
0.60										
	GH	0.65	7.01	0.701	3.95	0.395	2.99	0.299	2.35	0.235
0.70										

実験結果を v-t グラフにすると，図(a)のようになる。v-t グラフから 1＿＿＿＿＿＿＿を求めるには，①〜③のようにグラフの傾きを調べればよい。

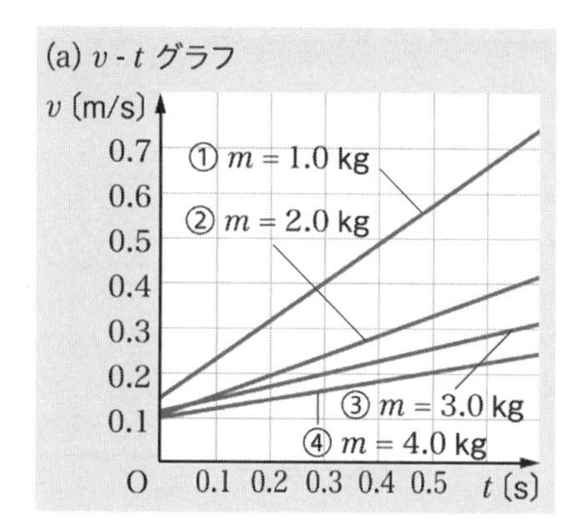

そこで，求めた加速度の大きさと台車の質量から a-m グラフをかくと，図(b)のようになる。

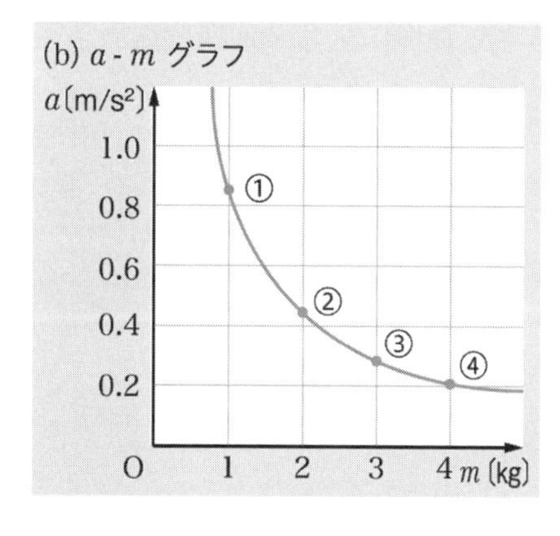

図(b)では加速度の大きさと質量の関係がわかりにくいため，横軸を台車の質量 m から 2__________にすると，図(c)のようになる。

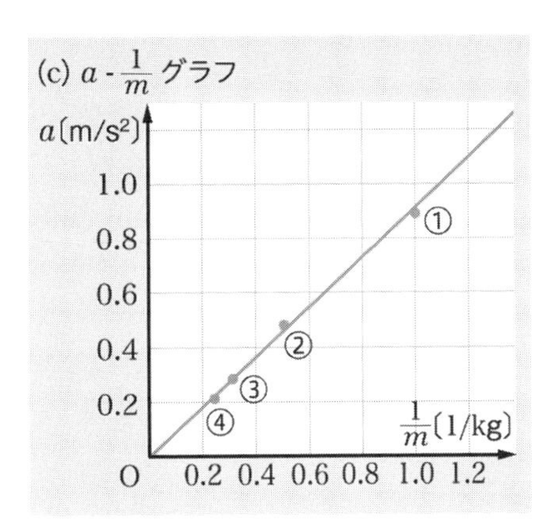

図(a)～(c)より，力学台車の質量を 2 倍，3 倍に大きくすると，力学台車に生じる加速度の大きさは 3__________倍，4__________倍となる。

よって，物体の質量と物体に生じる加速度の大きさには，次のような関係がある。

物体が受ける力の大きさが一定のとき，物体に生じる加速度の大きさは，その質量に 5__________する。

運動の法則

物体を引く力の大きさと加速度の大きさの関係，物体の質量と加速度の大きさの関係をまとめると，次のような運動の法則が得られる。

物体は力を受けると，その向きに加速度が生じる。加速度の大きさは，物体が受ける 6__________の大きさに比例し，その 7__________に反比例する。

●Memo●

検印欄

1－2 8 運動方程式 p.50～51

月　　日

運動方程式

物体の加速度は，物体が受ける力と同じ向きで，その大きさ a〔m/s²〕は力の大きさ F〔N〕に比例し，物体の質量 m〔kg〕に反比例する。よって，a，F，m の関係は 1__________ と表すことができる。この式を運動方程式という。運動方程式は，2__________ の法則を数式で表現したものであり，この式に法則の内容がすべて含まれている。

重力

重力のみを受けており，空気による影響を無視できるとき，地表付近ではあらゆる物体が鉛直下向きに一定の加速度(重力加速度)で運動している。重力加速度の大きさは 9.8 m/s² であり，記号 g で表す。したがって，運動方程式より，質量 m〔kg〕の物体が受ける重力の大きさ W〔N〕は W ＝ 3__________ で表される。

この式より，物体の質量と物体が受ける重力の大きさ(重さ)は 4__________ する。

5__________ と重さは別の物理量である。

類題 9 水平面上に置かれた質量 2.5 kg のなめらかに動く台車が，左向きに大きさ 10 N の力を受けて動きだした。台車の加速度の向きと大きさを求めよ。

問 18 なめらかな水平面上に置かれた物体が水平方向に大きさ 6.0 N の力を受けたところ，物体に大きさ 2.0 m/s² の加速度が生じた。物体の質量は何 kg か。

類題10 水平面上に置かれた質量 3.0 kg のなめらかに動く台車が，左向きに一定の大きさの力を受けている。台車の加速度の大きさが 2.0 m/s^2 であるとき，台車が受ける力の向きと大きさを求めよ。

問 19 質量が 0.50 kg の物体がある。(1)〜(4)について，物体が受ける力の向きと大きさを答えよ。ただし，図の矢印は運動の向きを表し，重力加速度の大きさを 9.8 m/s^2 とする。

(1) 地面の上で静止しているとき

(2) 鉛直下向きに落下しているとき

(3) 鉛直に投げ上げたとき(上昇中)

(4) 水平投射したとき

(1)________ (2)________ (3)________ (4)________

●Memo●

1－2　9　摩擦力　p.52〜53

月　　日

検印欄

摩擦力

二つの物体が接触しているとき，接触している面から面と平行な方向に受ける力を摩擦力という。摩擦力は，運動を 1__________ 向きに受ける。

物体が運動しているとき，運動を妨げるように，接触している面から受ける摩擦力を 2__________ という。動摩擦力の大きさ F'〔N〕は，物体が接触面から受ける垂直抗力の大きさ N〔N〕に比例し，$F' = \mu' N$ と表される。比例定数 μ' を 3__________ という。

問 20　あらい水平面上を，質量 2.0 kg の物体が図の右向きにすべっているとき，物体が受ける動摩擦力は，どちら向きに何 N か。重力加速度の大きさを 9.8 m/s²，物体と水平面との間の動摩擦係数を 0.25 とする。

2.0 kg
運動の向き
動摩擦係数 0.25

物体が静止しているとき，動きだすのを妨げるように，接触している面から受ける摩擦力を静止摩擦力という。その大きさ F〔N〕は，力の 4__________ から求めることができる。

問 21　あらい水平面上に置かれた重さ 5.0 N の物体を，図の右向きに 2.0 N で引いても，すべることなく静止していた。物体が受ける静止摩擦力は，どちら向きに何 N か。

2.0 N

右図のようにあらい面の上にある物体を糸で引くときを考える。物体を引く力を徐々に大きくしていくと，ある大きさを超えたとき，物体はすべりだす。

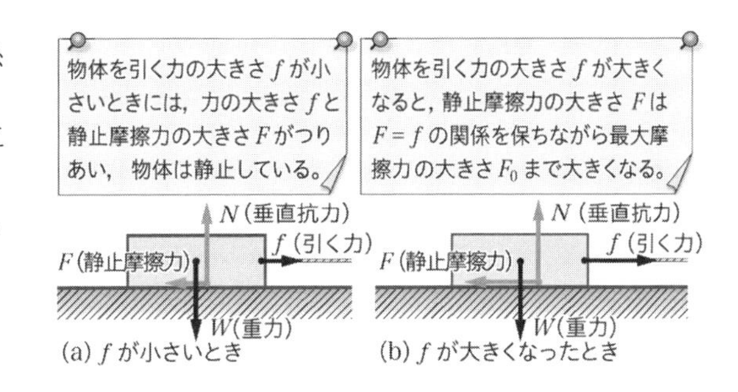

(a) f が小さいとき　(b) f が大きくなったとき

つまり，静止摩擦力の大きさには最大値が存在する。すべりだす直前の静止摩擦力を ₅＿＿＿＿＿＿＿＿という。最大摩擦力の大きさ F_0〔N〕は，物体が接触している面から受ける垂直抗力の大きさ N〔N〕に比例し，$F_0=$ ₆＿＿＿＿＿＿で表される。この式の比例定数 μ_0 を ₇＿＿＿＿＿＿＿＿という。

問 22 質量 1.0 kg の物体が，あらい水平面上に置かれている。この物体を水平方向に引っ張って移動させたい。物体と水平面との間の静止摩擦係数を 0.50 とすると，物体が動きだすためには，水平に引く力を何 N より大きくしなければならないか。ただし，重力加速度の大きさを 9.8 m/s² とする。

1.0 kg

静止摩擦係数 0.50

接触する物体の組みあわせが同じとき，静止摩擦係数 μ_0 は動摩擦係数 μ' よりも大きい。つまり，最大摩擦力の大きさ F_0 は，動摩擦力の大きさ F' よりも ₈＿＿＿＿＿＿。

●Memo●

圧力

スポンジの上に物体をのせたとき，のせる面の面積によってスポンジのへこみ方は異なる。これは，同じ大きさの力であっても，力を受ける 1＿＿＿＿＿＿が異なるためである。単位面積(1 m²)あたりに受ける 2＿＿＿＿＿の大きさを圧力という。面積 S〔m²〕の面が垂直に大きさ F〔N〕の力を受けるとき，その面が受ける圧力 p は次式で表される。

$$p=\frac{F}{S}$$

圧力の単位にはパスカル(記号 3＿＿＿＿＿)を用いる。式より，パスカルはニュートン毎平方メートル(記号 N/m²)と等しいことがわかる。

大気圧

4＿＿＿＿＿＿中にある物体は，周囲の大気から圧力を受けている。大気から受ける圧力を大気圧という。地表付近では，大気圧はおよそ 10^3 ヘクトパスカル(10^3 hPa)であり，1013.25 hPa を 1 気圧(1 atm)と定めている。

ある地点における大気圧は，その地点の上方にどれだけの量の大気が存在するかによって決まる。標高が上がれば，その地点の上方の大気の量が少なくなるため，大気圧は 5＿＿＿＿＿＿なる。

水圧

水中にある物体は，周囲の水から圧力を受ける。水から受ける圧力を水圧という。深さが等しければ，水圧による力はあらゆる向きで 6＿＿＿＿＿＿＿。

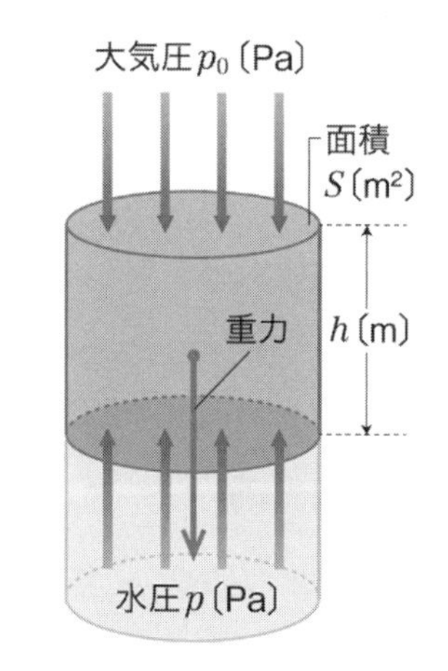

水深 h〔m〕の場所における水圧 p〔Pa〕を考える。面積 S〔m²〕の容器に入った水の深さ h〔m〕の水平面を想定し，その上方にある水のかたまりを物体とみなすと，受ける力の 7＿＿＿＿＿＿＿＿を考えることで，水圧 p〔Pa〕を見積もることができる。

大気圧を p_0〔Pa〕，水の密度を ρ〔kg/m³〕，重力加速度の大きさを g〔m/s²〕とすると，水深 h〔m〕での水圧 p〔Pa〕は次式で表される。

$p =$ 8＿＿＿＿＿＿＿＿

浮力

水中に大きさのある物体を沈めると，物体は水から鉛直 9＿＿＿＿＿向きの力を受ける。その力を浮力という。水の密度を ρ〔kg/m³〕，物体の体積を V〔m³〕，重力加速度の大きさを g〔m/s²〕とすると，浮力の大きさ F〔N〕は次式で表される。

$F =$ 10＿＿＿＿＿＿

この式は，物体が受ける浮力の大きさは，その物体が入ったことで押しのけられた体積の水が受けていた 11＿＿＿＿＿＿の大きさに等しいことを表している。これを

12＿＿＿＿＿＿＿＿＿＿＿＿＿という。

問 **23** 体積 0.50 m³ の木片を完全に水中に沈めたとき，木片が受ける浮力の大きさは何 N か。重力加速度の大きさを 9.8 m/s²，水の密度を 1.0×10^3 kg/m³ とする。

＿＿＿＿＿＿＿＿

●Memo●

2－1 ① 仕事 p.70〜71

月　　日

仕事

物理では，物体に力を加えて 1＿＿＿＿＿させたとき，力が物体に仕事をしたという。力が大きいほど，もしくは動かす距離が長いほど，力がした仕事は 2＿＿＿＿＿。仕事の単位にはジュール(記号J)を用いる。一定の大きさ F〔N〕の力を受けた物体が，その力の向きに距離 x〔m〕だけ移動したとき，力が物体にした仕事 W〔J〕は $W=$ 3＿＿＿＿＿と表される。

問 1　質量 0.50 kg のボールが 2.0 m 落下したとき，重力のした仕事は何J か。ただし，重力加速度の大きさを 9.8 m/s² とする。

移動の方向と力の方向が異なる場合

図のように，大きさ F〔N〕の力を水平方向から傾けて加え，物体を水平方向に x〔m〕動かしたとき，力 F の移動方向の成分は F_x〔N〕，垂直な方向の成分は F_y〔N〕となる。物体は垂直な方向には移動しないため，4＿＿＿＿＿〔J〕が，力のした仕事である。

類題 1　水平方向から 45° の向きに 4.0 N の力を加え，物体を水平方向に 0.50 m 動かす。このとき，力のした仕事はいくらか。ただし，$\sqrt{2}=1.4$ とする。

問 2 水平方向から30° の向きに4.0 Nの力を加え，物体を水平方向に0.50 m動かす。このとき，力のした仕事は何Jか。ただし，$\sqrt{3}=1.7$とする。

4.0 N
30°
0.50 m

移動の向きと逆向きに力がはたらく場合

動いている台車を受け止める場合，台車が受けている力の向きと移動の向きは 5＿＿＿＿＿である。この場合，力は台車に 6＿＿＿＿＿の仕事をしたという。

問 3 質量0.50 kgのおもりを2.0 m引き上げたとき，重力のした仕事は何Jか。ただし，重力加速度の大きさを9.8 m/s² とする。

力が仕事をしない場合

物体をじっと動かさずにもち続けるとき，力を加えているが物体は 7＿＿＿＿＿しないため，その力は仕事をしない。また，物体が力の向きに対して 8＿＿＿＿＿な方向に動いたとき，物体は力の方向には移動していないので，その力は仕事をしない。

●Memo●

2－1  仕事の性質と仕事率 p.72〜73 月 日

道具を用いた場合の仕事

物体を同じ高さまでゆっくり引き上げるのに，真上に引き上げる場合と斜面を使う場合とを比べてみよう。下左図のように，真上に引き上げる場合の仕事 W_1〔J〕と，なめらかな斜面を用いた場合の仕事 W_2〔J〕は，1__________値になることがわかる。また，滑車を用いても，物体を同じ高さまで引き上げるのに必要な仕事は 2______________(下右図)。

仕事の性質

物体に仕事をするとき，斜面や滑車などの道具を使うと物体を動かすのに必要な力を小さくできるため，重い物体を動かすときに楽になる。一方，力を加え続けながら動かす距離は 3__________なる。結局，必要な仕事は 4______________。

問 4 物体を 30° のなめらかな斜面を用いてゆっくり引き上げる。斜面を用いない場合に比べて，同じ高さまで引き上げるのに必要な力の大きさは何倍か。

仕事率

自転車で坂道をのぼる場合を考える。のぼる速さにかかわらず，坂道をのぼるのに必要な仕事は同じであるが，速くのぼるほどかかる時間は少なくなる。つまり，同じ仕事であっても，5__________時間ですればするほど，仕事の能率がよいといえる。

仕事の能率を比べるには，6____________________にする仕事を比べればよい。これを仕事率という。仕事率の単位にはワット(記号 7__________)を用いる。W〔J〕の仕事をするのに t〔s〕かかったとき，仕事率 P〔W〕は P ＝ 8__________で表される。

類題 2 質量 240 kg の物体をクレーンが 60 s かけて一定の速さで 25 m もち上げた。このときクレーンの仕事率は何 W か。ただし，重力加速度の大きさを 9.8 m/s^2 とする。

____

問 5 軽い糸につるした質量 1.0 kg の物体を 7.0 s で 0.50 m もち上げた。このときの仕事率は何 W か。ただし，重力加速度の大きさを 9.8 m/s^2 とする。

____

●Memo●

2－1 ③ 運動エネルギー p.74〜75 月 日

検印欄

エネルギー

物体が他の物体に 1____________をする能力があるとき，その物体はエネルギーをもつという。したがって，エネルギーの単位にはジュール(記号 2__________)を用いる。

運動エネルギー

運動している物体は，別の物体に衝突するとその物体に 3____________をすることができるので，エネルギーをもつといえる。このエネルギーを運動エネルギーという。

質量 m〔kg〕の物体が速さ v〔m/s〕で動いているとき，この物体がもつ運動エネルギー K〔J〕は $K=$ 4______________で表される。

運動エネルギーと仕事

図のように，力学台車が仕事をされたときの運動エネルギーの変化を考えよう。水平面上を速さ v_0〔m/s〕で運動する質量 m〔kg〕の力学台車がある。この力学台車が，運動の向きに一定の大きさ F〔N〕の力で押されながら距離 x〔m〕進み，速さ v〔m/s〕になったとする。

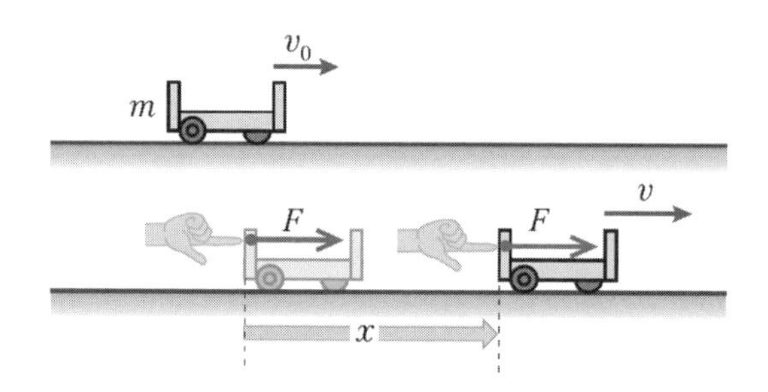

このとき，力学台車がされた仕事は $W=Fx$〔J〕と表され，

$$\frac{1}{2}mv^2-\frac{1}{2}m{v_0}^2 = {}_5\_\_\_\_\_\_\_\_\_\_$$

がなりたつ。

すなわち，物体の運動エネルギーの変化は，物体がされた仕事に等しい。物体が正の仕事をされると，運動エネルギーは 6____________する。逆に，摩擦力や空気の抵抗力などによって負の仕事をされると，運動エネルギーは 7____________する。

考えてみよう

類題 3　質量 2.0 kg の物体が，なめらかな床の上を右向きに 3.0 m/s の速さで進んでいる。物体が 8.0 m 移動する間，右向きに 2.0 N の力を加え続けた。物体の速さはいくらになるか。

問 6　質量 3.0 kg の物体が，なめらかな床の上を右向きに 4.0 m/s の速さで進んでいる。物体が 4.0 m 移動する間，右向きに一定の力を加え続けたところ，物体の速さは 8.0 m/s になった。力の大きさは何 N か。

●Memo●

検印欄

2－1 ④ 位置エネルギー p.76～77

月　日

重力による位置エネルギー

ダムにたくわえられた水は，重力を受けて落下するときに，発電用水車を回す 1__________をする。このように，高いところにある物体は，仕事をすることができる。したがって，高いところにある物体は 2__________をもつ。これを重力による位置エネルギーという。

質量 m〔kg〕の物体が，基準となる水平面(基準面)から高さ h〔m〕の位置にあるときを考える。重力加速度の大きさを g〔m/s^2〕とすると，この物体がもつ重力による位置エネルギー U〔J〕は $U=$ 3__________と表される。

類題 4 図のような地上 3 階，地下 1 階のビルがある。3 階の床を基準面とし，次の問いに答えよ。ただし，物体の質量を 4.0 kg，重力加速度の大きさを 9.8 m/s^2 とする。

⑴ 2 階の床に置いた物体がもつ重力による位置エネルギーは何 J か。

⑵ 地下 1 階の床に置いた物体がもつ重力による位置エネルギーは何 J か。

⑴__________ ⑵__________

問 7 類題 4 で 2 階の床を基準面としたとき，それぞれの階の床に置いた質量 5.0 kg の物体がもつ重力による位置エネルギーは何 J か。

3 階：　　2 階：　　1 階：　　地下 1 階：

弾性力による位置エネルギー

伸びたり縮んだりしたばねにつながれた物体は，ばねが自然の長さに戻るまでに他の物体に

4＿＿＿＿＿＿をすることができる。つまり，変形したばねにつながれた物体は

5＿＿＿＿＿＿＿＿をもつ。これを弾性力による位置エネルギーという。

物体がばね定数 k〔N/m〕のばねにつながれ，自然の長さからの伸び(または縮み) が x〔m〕のとき，ばねにつながれた物体のもつ弾性力による位置エネルギー U〔J〕は，

U ＝ 6＿＿＿＿＿＿と表される。

弾性力による位置エネルギーは，ある長さに伸びた(縮んだ)ばねが，自然の長さに戻るまでに，弾性力が物体にする仕事に等しい。弾性力による位置エネルギーが 0 J となる基準の位置は，弾性力が 7＿＿＿＿＿N となる位置，つまりばねが 8＿＿＿＿＿＿＿＿になる位置である。

考えてみよう

問 8　一端を天井に固定したばねに物体をつないで支え，自然の長さに保った。ばね定数が 1.0×10^2 N/m のとき，次の問いに答えよ。

(1) 物体を移動させ，ばねを自然の長さから 0.20 m 伸ばした。物体のもつ弾性力による位置エネルギーは何 J か。

(2) (1)の状態から物体を移動させ，ばねを自然の長さから 0.40 m 伸ばした。このとき，物体のもつ弾性力による位置エネルギーは何 J 増えたか。

(1)＿＿＿＿＿＿　(2)＿＿＿＿＿＿

●Memo●

 力学的エネルギー保存の法則

p.78〜79　月　日

検印欄

力学的エネルギーの保存

物体のもつ運動エネルギーKと位置エネルギーUの 1__________を力学的エネルギーという。

物体に重力や弾性力だけが仕事をする場合，運動エネルギーと位置エネルギーは互いに入れかわるが，力学的エネルギーは 2__________に保たれる。これを力学的エネルギー保存の法則という。

自由落下運動と力学的エネルギー

地面より高さh〔m〕の地点Hから質量m〔kg〕の物体を静かにはなす自由落下運動を考える。自由落下運動は，3__________だけが仕事をする運動である。

地面より高さh_A〔m〕の地点A，高さh_B〔m〕の地点Bにおいて，物体の速さがそれぞれv_A〔m/s〕，v_B〔m/s〕であったとする。すると，次の関係がなりたつ。

$$\frac{1}{2}mv_A^2 + mgh_A = {}_4\_\_\_\_\_\_\_\_\_\_\_\_\_\_\_\_\_\_\_\_$$

この式は，位置エネルギーと運動エネルギーの和が2点A，Bで 5__________ことを表している。つまり，自由落下運動の間，物体の力学的エネルギーは 6__________に保たれていることがわかる。

類題5 質量2.0 kgの小球を速さ7.0 m/sで鉛直上向きに投げ上げた。投げ上げた地点から最高点までの高さh〔m〕はいくらか。ただし，投げ上げた地点の高さを基準面とし，重力加速度の大きさを9.8 m/s^{2}とする。

振り子の運動と力学的エネルギー

振り子の運動では，おもりは重力以外に糸の張力を受けている。しかし，張力の向きは運動の向きに対してつねに 7__________なので，仕事をしない。したがって，振り子の運動では，重力しか 8__________をせず，力学的エネルギーは保存される。

問 9 質量 0.20 kg の振り子のおもりを，最下点から 0.025 m の高さまで引き上げ，静かにはなした。おもりが最下点を通過するときの速さは何 m/s か。ただし，重力加速度の大きさを 9.8 m/s^2 とする。

●Memo●

2－2  熱と温度 p.86〜87

月　日

検印欄

物質の三態と熱運動

物質の固体，液体，気体の三つの状態を物質の三態という。物質内部の原子や分子は，状態によって結びつき方が異なるが，つねに 1＿＿＿＿＿＿とよばれる乱雑な運動をしている。

私たちは，2＿＿＿＿＿を温かさ・冷たさの度合いを表すものとして使っているが，物理では熱運動の激しさを表す量としても用いる。同じ状態であっても 2＿＿＿＿＿が高いときほど熱運動が激しい。

温度の表し方

身近な温度の表し方にセ氏温度(セルシウス温度)がある。単位には度(記号℃)を用いる。セ氏温度は，1 気圧のもとで氷が溶ける温度(融点)を 3＿＿＿＿ ℃，水が沸騰する温度(沸点)を 4＿＿＿＿＿ ℃としてつくられたものである。また，−273 ℃より低い温度は存在しないので，−273 ℃を 5＿＿＿＿＿＿＿といい，5＿＿＿＿＿＿＿を基準とした温度の表し方を絶対温度という。絶対温度の単位はケルビン(記号 K)で，−273 ℃は 0 K，温度差 1 K は温度差 6＿＿＿＿ ℃と等しい。絶対温度の数値 T とセ氏温度の数値 t の間には，

T = 7＿＿＿＿＿＿＿の関係がある。

熱と熱量

物質内部の原子や分子は熱運動をしているので，熱運動の運動エネルギーをもつ。そのため，物体の温度が変化する(熱運動の激しさが変化する)とき，原子や分子はエネルギーをやりとりする。

また，温度の異なる物体を接触させておくと，いずれ両者の温度は等しくなる。これは，接触面で高温の分子と低温の分子が衝突してエネルギーが移動し，両者の熱運動の激しさ(温度)が均一になっていくためである。このとき移動したエネルギーを 8＿＿＿＿＿といい，そのエネルギーの量を 9＿＿＿＿＿という。9＿＿＿＿＿の単位にはジュール(記号 J)を用いる。

状態変化と潜熱

図は，−20 ℃の氷を加熱したときの温度変化のようすである。

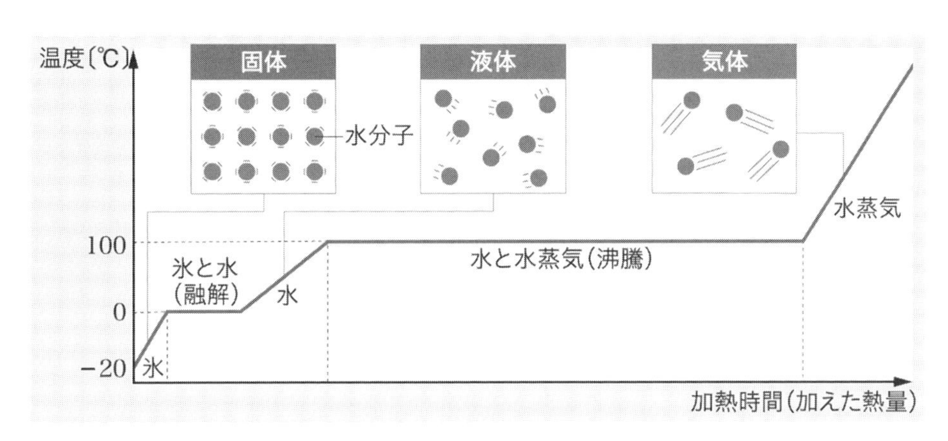

純粋な物質は，状態変化している間は加熱しても温度が変化しない。これは，加えた熱が状態変化のために使われるからである。状態変化するときに出入りする熱を潜熱という。固体が液体になるときの潜熱を 10＿＿＿＿＿＿，液体が気体になるときの潜熱を 11＿＿＿＿＿＿という。潜熱の単位には，ジュール毎グラム(記号 J/g)を用いることが多い。

問 10　100 ℃の水 40.0 g をすべて 100 ℃の水蒸気にするには，9.00×10^4 J の熱量が必要である。水の蒸発熱は何 J/g か。

●Memo●

検印欄

2－2  温度変化に必要な熱量 p.88〜89 月 日

熱容量

物体に熱を加えると，物体の温度は上昇する。しかし，温度の上がり方は物体の質量や材質によって異なっている。この違いを表す物理量として，物体の温度を 1 K 上昇させるときに必要な 1＿＿＿＿＿＿を考える。これを熱容量といい，単位はジュール毎ケルビン(記号 J/K)を用いる。

熱容量が C〔J/K〕の物体の温度が ΔT〔K〕上がるときに得る熱量 Q〔J〕は，

Q＝2＿＿＿＿＿＿で表される。

熱容量が大きい物体は，温度を変化させるときに多くの熱が出入りする必要がある。そのため，熱容量の大きい物体は温度が変化 3＿＿＿＿＿＿といえる。

問 11 熱容量が 80 J/K の物体に，40 J の熱量を加えた。物体の温度は何 K 上がるか。

比熱

物体の温度を上げるとき，物体の質量が 4＿＿＿＿＿＿ほど，そして温度の変化量が大きいほど，必要な熱量は 5＿＿＿＿＿＿。また，物体の材質によっても温度変化のようすは異なる。

単位質量の物質の温度を 1 K 上昇させるときに必要な 6＿＿＿＿＿＿を比熱(比熱容量)という。比熱は物質の種類や状態によって異なる値をもち，単位はジュール毎グラム毎ケルビン(記号 J/(g·K)) などを用いる。

比熱 c〔J/(g·K)〕の物質でできた質量 m〔g〕の物体の温度を ΔT〔K〕変化させるのに必要な熱量 Q〔J〕は，Q＝7＿＿＿＿＿＿で表される。

物質の比熱が 8＿＿＿＿＿＿ほど，また物体の質量が 9＿＿＿＿＿＿ほど，温度変化に必要な熱量が大きく，温度変化しにくいといえる。

類題 6　はじめの温度が 20℃の水を 100 g 用意して加熱した。この水に 8.4×10^3 J の熱量を加えたところ，水の温度は 40℃になった。この水の比熱 c〔J/(g·K)〕はいくらか。

比熱と熱容量の関係

比熱は物質の性質の一つであり，熱容量は物体の性質の一つである。比熱が c〔J/(g·K)〕の物質だけでできている質量 m〔g〕の物体の熱容量 C〔J/K〕は，C = 10＿＿＿＿＿で表される。

問 12　アルミニウムの比熱を 0.90 J/(g·K)とする。次の問いに答えよ。

(1) 40 g のアルミニウムでできた物体の熱容量は何 J/K か。

(2) (1)の物体の温度を 20 ℃から 70 ℃まで上げるために必要な熱量は何 J か。

(1)＿＿＿＿＿　(2)＿＿＿＿＿

●Memo●

検印欄

２－２  熱の移動と比熱の測定 p.90～91　月　日

熱の移動

温度の異なる物体を接触させると，1＿＿＿＿＿温の物体から 2＿＿＿＿＿温の物体へ熱が移動する。外部との熱のやりとりがなければ，高温の物体が失った熱量と低温の物体が得た熱量は 3＿＿＿＿＿＿＿。

類題7 温度が 24℃で質量 150 g の水の中に，90℃に熱した質量 60 g のステンレス球を入れて静かにかき混ぜると，全体の温度はいくらになるか。ただし，水の比熱は 4.2 J/(g·K)，ステンレスの比熱は 0.50 J/(g·K)であり，熱はステンレス球と水の間のみで移動し，外部との熱のやりとりはないものとする。

＿＿＿＿＿

問13 温度が 90℃で質量 80 g の湯の中に，温度が 15℃で質量 20 g の水を入れて静かにかき混ぜた。全体の温度は何℃になるか。ただし，湯と水の比熱はどちらも 4.2 J/(g·K)で，熱は水と湯の間のみで移動し，外部との熱のやりとりはないものとする。

水
湯

＿＿＿＿＿

比熱の測定

物体がやりとりした熱量 Q と物体の質量 m，温度変化 ΔT を測定すれば，比熱 c を計算できることがわかる。しかし，物体がやりとりした熱量 Q を測定することは難しい。そこで，加熱した物体を水(比熱がわかっている)の中に入れて，水の 4＿＿＿＿＿＿＿＿を調べる。ここから求められる水が得た熱量が，物体が失った熱量 Q と等しいと考えて，5＿＿＿＿＿＿を計算することができる。

問 14　図のような容器に，15 ℃の水 150 g が入っている。この中に，ある金属でできた 100 g の球を 95℃に温めて入れ，かくはん棒で静かにかき混ぜ続けた。しばらくすると水と金属球の温度は 25 ℃で一定になった。水と金属球以外の熱のやりとりはなく，水の比熱を 4.2 J/(g・K) として，次の問いに答えよ。

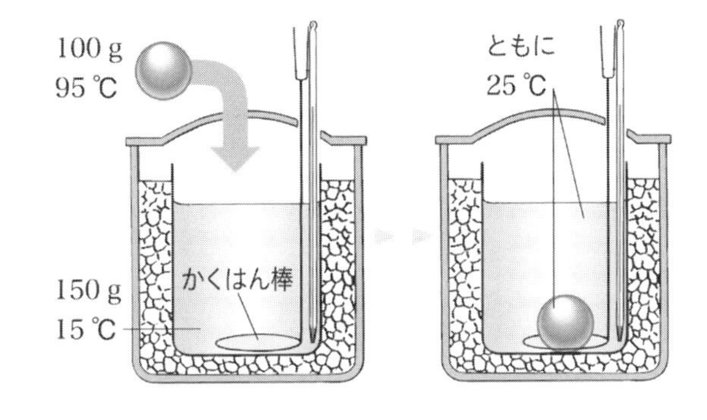

(1) 水が得た熱量は何 J か。

(2) この金属の比熱は何 J/(g・K)か。

(1)＿＿＿＿＿＿＿＿　(2)＿＿＿＿＿＿＿＿

●Memo●

2－2 ④ 熱と仕事 p.92～93

月　　日

仕事による温度上昇

物体をこすりあわせるなどの仕事でも，原子や分子の運動(熱運動) は激しくなる。つまり，熱を加えなくても物体の 1＿＿＿＿＿＿ を上昇させることができる。

内部エネルギー

物体を構成している原子や分子は，その物体が静止しているときでも熱運動しており，その分の 2＿＿＿＿＿＿＿＿＿＿ をもつ。また，原子や分子の間にはたらく力による位置エネルギーももつ。こうした，物体内部の原子や分子がもつ熱運動の 2＿＿＿＿＿＿＿＿＿＿ や分子間にはたらく力による位置エネルギーの合計を 3＿＿＿＿＿＿＿＿＿＿ という。

物体の温度が 4＿＿＿＿＿＿ ほど，熱運動が激しいため内部エネルギーU〔J〕は大きい。

熱力学第一法則

物体の内部エネルギーを増やすには，熱という形態か，仕事という形態でエネルギーを与えればよい。物体に加えた熱量を Q〔J〕，物体が外部からされた仕事を W_{in}〔J〕とすると，これらの和が物体の内部エネルギーの変化 ΔU〔J〕となる。この関係を熱力学第一法則といい，

ΔU ＝5＿＿＿＿＿＿＿＿ で表される。

物体が熱を得た場合は Q が 6＿＿＿＿＿ の値であり，熱を失った場合は Q が 7＿＿＿＿＿ の値であると考える。同様に，物体が外部から仕事をされた場合は W_{in} が 8＿＿＿＿＿ の値であり，外部に仕事をした場合は W_{in} が 9＿＿＿＿＿ の値であると考える。

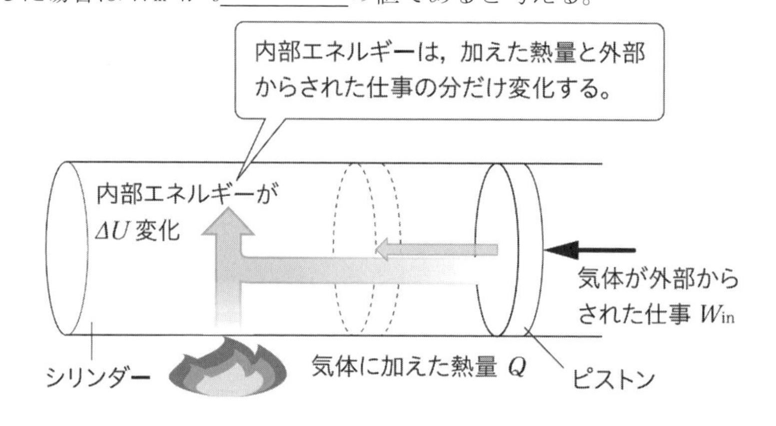

類題 8 ピストンで密閉された気体が 50 J の熱量を得て，気体は外部から 10 J の仕事をされた。この間の気体の内部エネルギーの変化 ΔU〔J〕を求めよ。

問 15 物体が 60 J の熱量を得て，同時に外部から仕事をされたところ，内部エネルギーは 90 J 増加した。物体が外部からされた仕事は何 J か。

●Memo●

2－2  熱機関の効率 p.94～95　　月　日

熱機関

熱を取り入れて 1＿＿＿＿＿＿に変える装置を熱機関という。熱機関がくり返し熱を 1＿＿＿＿＿＿に変えるには，熱を受け取るだけでなく，熱を 2＿＿＿＿＿＿する過程が必要である。

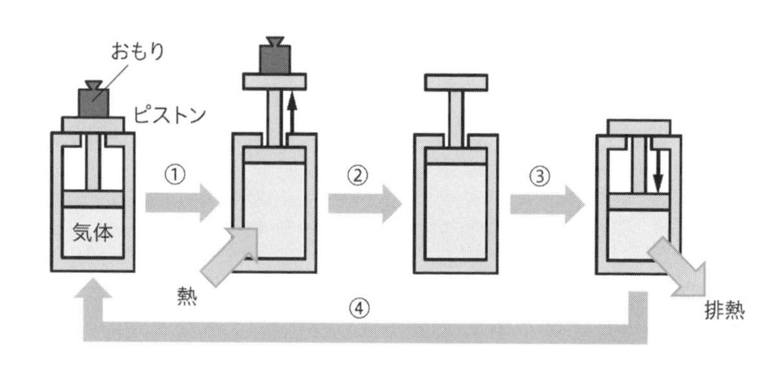

熱効率

熱機関は，熱を 2＿＿＿＿＿＿しながら動作するため，受け取った熱量の一部しか仕事に変換できない。熱機関が高温熱源から受け取った熱量 Q_1〔J〕に対する，外部にした仕事 W_{out}〔J〕の割合 e を 3＿＿＿＿＿＿という。低温熱源に放出した熱量を Q_2〔J〕とすると，e は

e ＝ 4＿＿＿＿＿＿＿ $= \frac{Q_1 - Q_2}{Q_1}$ と表される。

熱機関には必ず外部に 2＿＿＿＿＿＿する熱がある（Q_2 が 0 にはならない）ので，熱効率が 5＿＿＿＿（100 %）になる装置は存在しない。

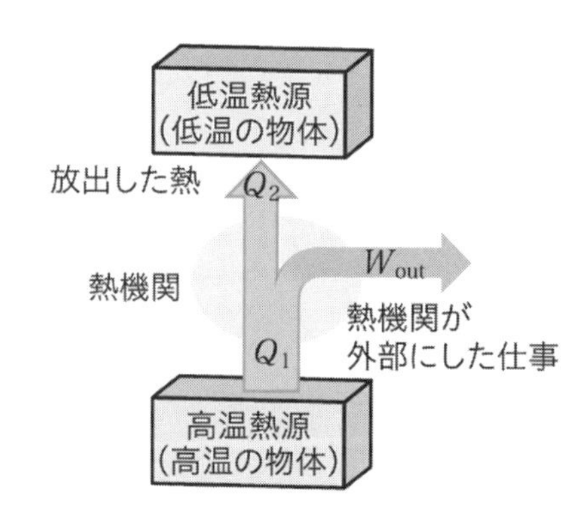

類題 9　熱効率 0.15 の熱機関が，80 J の熱量を得て仕事をした。このときに熱機関がした仕事 W_{out}〔J〕はいくらか。

また，受け取った 80 J の熱量のうち何 J の熱量を放出することになるか。

問 16　200 J の熱量を加えると 60 J の仕事をする熱機関がある。次の問いに答えよ。

(1) 熱機関の熱効率はいくらか。

(2) 熱機関が 60 J の仕事をする間に放出する熱量は何 J か。

(1)＿＿＿＿＿　(2)＿＿＿＿＿

不可逆変化

あらい水平面上を運動する物体は，摩擦熱を生じていずれ静止する。しかし，静止した物体が周囲から自然に熱を吸収して動きだすことはない。このような外部から操作をしないかぎりもとの状態に戻らない変化を 6＿＿＿＿＿＿＿＿という。熱の発生や移動をともなう現象，物質の拡散などは 6＿＿＿＿＿＿＿＿である。ただし，6＿＿＿＿＿＿＿＿であっても，7＿＿＿＿＿＿＿＿の総量は変化しない。

●Memo●

3－1  波とは何か p.102～103 月 日

検印欄

波は振動を伝える

水面にものが落下すると，図のような波紋が広がる。

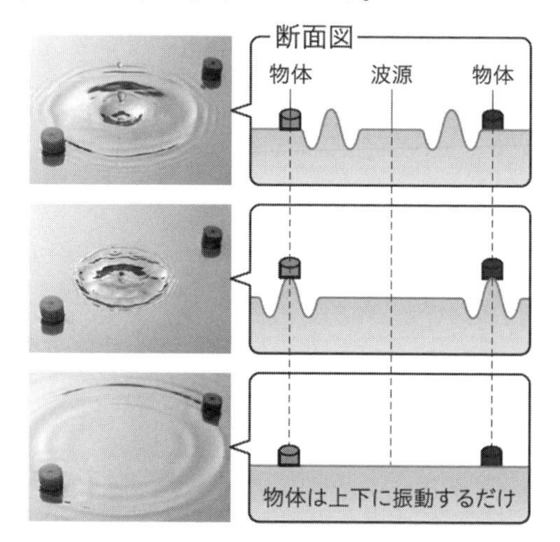

このとき，水面に浮かんだ物体のようすを観察すると，波紋の進む向きに移動 1＿＿＿＿＿＿，その場所で 2＿＿＿＿＿＿に振動している。すなわち，波紋が広がるときに水は流れず，水面の各部分はその場所で振動し，その振動が周囲に伝わっていることがわかる。

このように，物質そのものが 3＿＿＿＿＿＿のではなく，振動が次々に伝わっていく現象を波または 4＿＿＿＿＿＿という。また，波が生じた最初の場所を 5＿＿＿＿＿＿，その振動を伝える物質を 6＿＿＿＿＿＿という。

波による媒質の動き

ウェーブマシンは波のようすを観察するための装置である。端の棒を 1 回上下に動かすと，その振動が孤立した波として伝わっていく。このように棒を 1 回上下に動かしたときにできるような波を 7＿＿＿＿＿＿＿という。

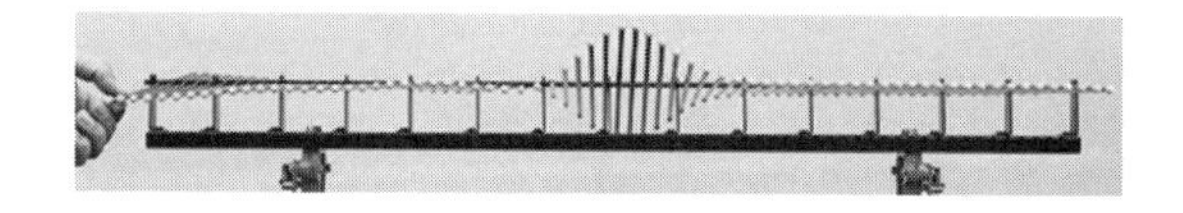

また，端の棒を周期的に上下に動かしたときにできる連続した波を 8____________ という。

ある瞬間の各棒の位置をつなげた曲線の形を 9____________ といい，9____________ の最も高いところを 10__________ ，最も低いところを 11__________ という。

●Memo●

② 波の性質 p.104〜105

月　　日

検印欄

 波を特徴づける量

ウェーブマシンの端の棒をくり返し上下に動かすときにできる連続波を正弦波という。正弦波の山から山，あるいは谷から谷までの距離を 1＿＿＿＿＿＿ という。ウェーブマシンの棒，つまり媒質が上下に振動するとき，振動のつりあいの位置(波がないときの位置)からのずれを変位といい，変位の最大値を 2＿＿＿＿＿＿ という。つまり，山の高さや谷の深さは 2＿＿＿＿＿＿ となる。

波が伝わるときの媒質の 1 点の運動に注目すると，一定の時間間隔で振動している。この媒質の 1 点が 1 回振動するのに要する 3＿＿＿＿＿＿ を周期，1 s あたりの媒質がくり返す振動の 4＿＿＿＿＿＿ を振動数という。振動数の単位はヘルツ(記号 Hz) である。一般に，周期 T〔s〕と振動数 f〔Hz〕の関係は f ＝5＿＿＿＿＿＿ と表される。

問 1 次の値を求めよ。

(1) 30 s 間に 2.0 回振動する波の周期は何 s か。

(2) 2.0 s 間に 60 回振動する波の振動数は何 Hz か。

(1)＿＿＿＿＿＿ (2)＿＿＿＿＿＿

波の速さ

ウェーブマシンの左端をもった手を上下に振動させると，波源が 1 回振動する時間(周期 T) の間に，波は波長 λ だけ進む。すなわち，波は時間 T〔s〕の間に距離 6＿＿＿＿＿＿〔m〕進む。周期 T と振動数 f〔Hz〕の間には，$T=\frac{1}{f}$ の関係があるので，波の速さ v〔m/s〕は $v=\frac{\lambda}{T}=$ 7＿＿＿＿＿＿ で表される。

類題 1　図は，x 軸を正の向きに速さ 2.0 m/s で進む波の時刻 $t=0$ s における波形である。次の問いに答えよ。

(1) 波の波長は何 m か。

(2) 波の振幅は何 m か。

(3) 波の振動数は何 Hz か。

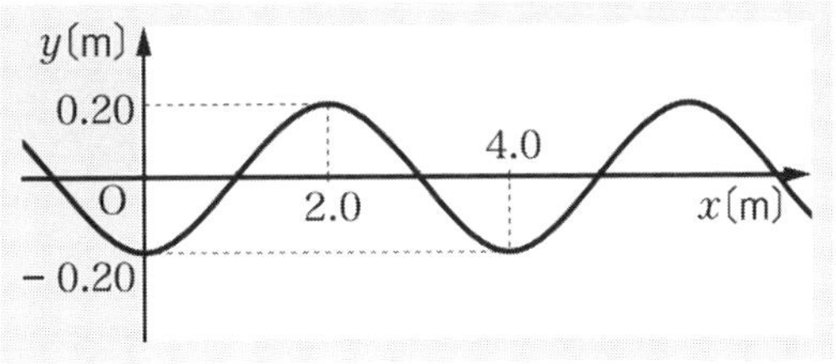

(1)＿＿＿＿　(2)＿＿＿＿　(3)＿＿＿＿

問 2　図は，x 軸を正の向きに進む波の時刻 $t=0$ s における波形である。波の周期を 0.50 s として，次の問いに答えよ。

(1) 波の波長は何 m か。　(2) 波の振幅は何 m か。

(3) 波の速さは何 m/s か。

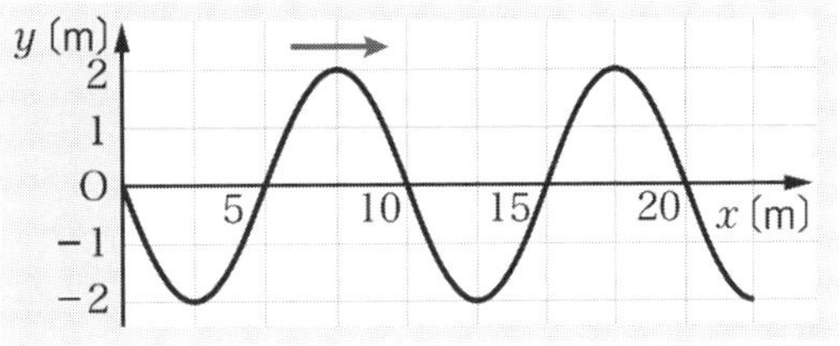

(1)＿＿＿＿　(2)＿＿＿＿　(3)＿＿＿＿

●Memo●

3－1　③ 横波と縦波　p.106～107

月　　日

検印欄

横波と縦波

波の進行方向と媒質の振動方向に着目してみよう。ウェーブマシンでつくる波は，図(a)のように，媒質の振動方向と波の進行方向が 1＿＿＿＿＿＿になっている。このような波を横波という。

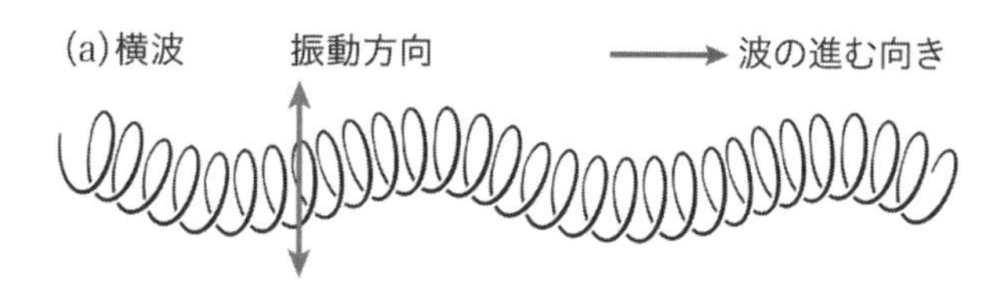

これに対し，図(b)のように，媒質の振動方向と波の進行方向が 2＿＿＿＿＿＿な波を縦波という。

(b)縦波

振動方向　波の進む向き

縦波は，媒質のまばらな疎の部分と媒質の集まった密の部分が次々に伝わるので，3＿＿＿＿＿＿ともいう。

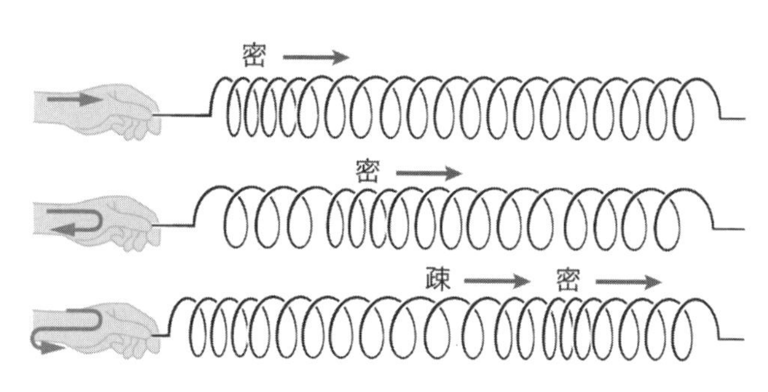

4＿＿＿＿＿＿は固体中を伝わるが，気体や液体中を伝わることはない。一方，5＿＿＿＿＿＿は気体・液体・固体中のすべてを伝わる。

縦波の横波表示

縦波では，変位が波の進行方向と 6＿＿＿＿＿＿になるため，波のようすが読み取りにくい。そこで，図のように，縦波も 7＿＿＿＿＿＿と同じように表すとわかりやすくなる。

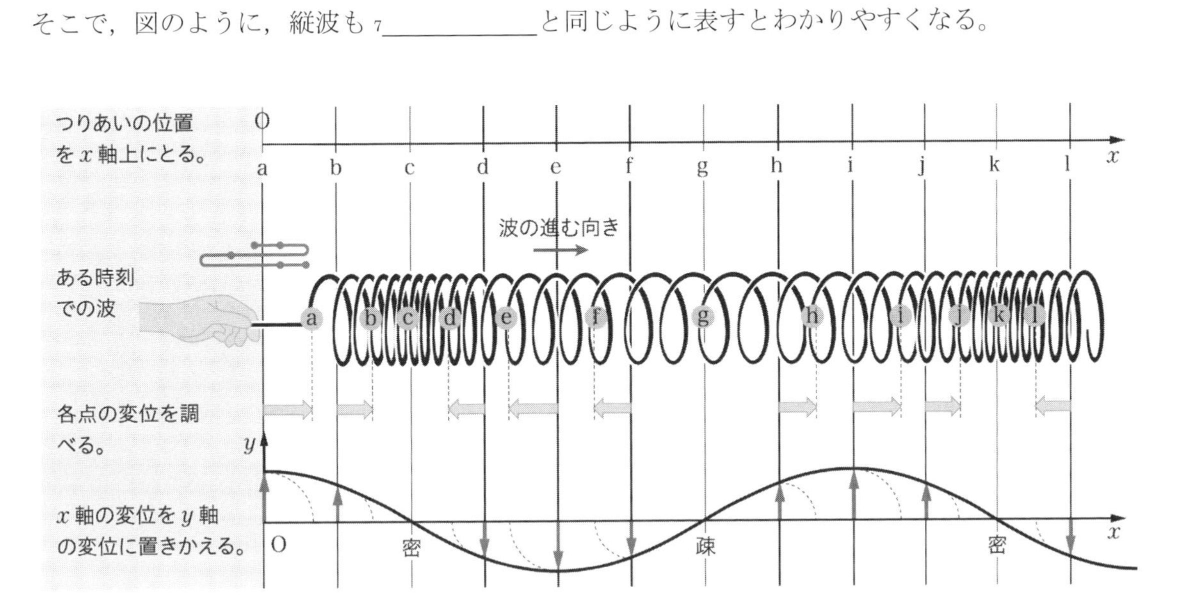

問 3 図は，x 軸を正の向き(図の右向き)に進む縦波のある瞬間のようすを，変位を縦軸にしてグラフで表したものである。次の問いに a〜f で答えよ。

(1) 変位が 0 の位置はどこか。

(2) 変位が負で大きさが最大の位置はどこか。

(3) 媒質が最も密の位置はどこか。

(4) 媒質が最も疎の位置はどこか。

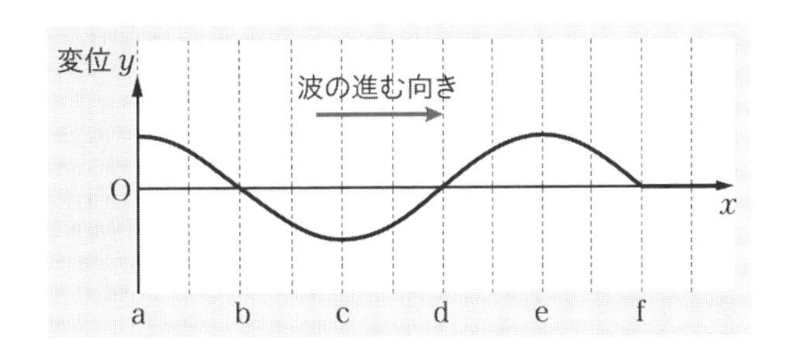

(1)＿＿＿＿＿＿ (2)＿＿＿＿ (3)＿＿＿＿＿ (4)＿＿＿＿

●Memo●

検印欄

3－1  波の重ねあわせの原理 p.108～109　月　日

波の独立性

ウェーブマシンの両端から同時に波を送ったとき，左右からの波が出あうと，重なりあった部分の波の 1＿＿＿＿＿が変化する。

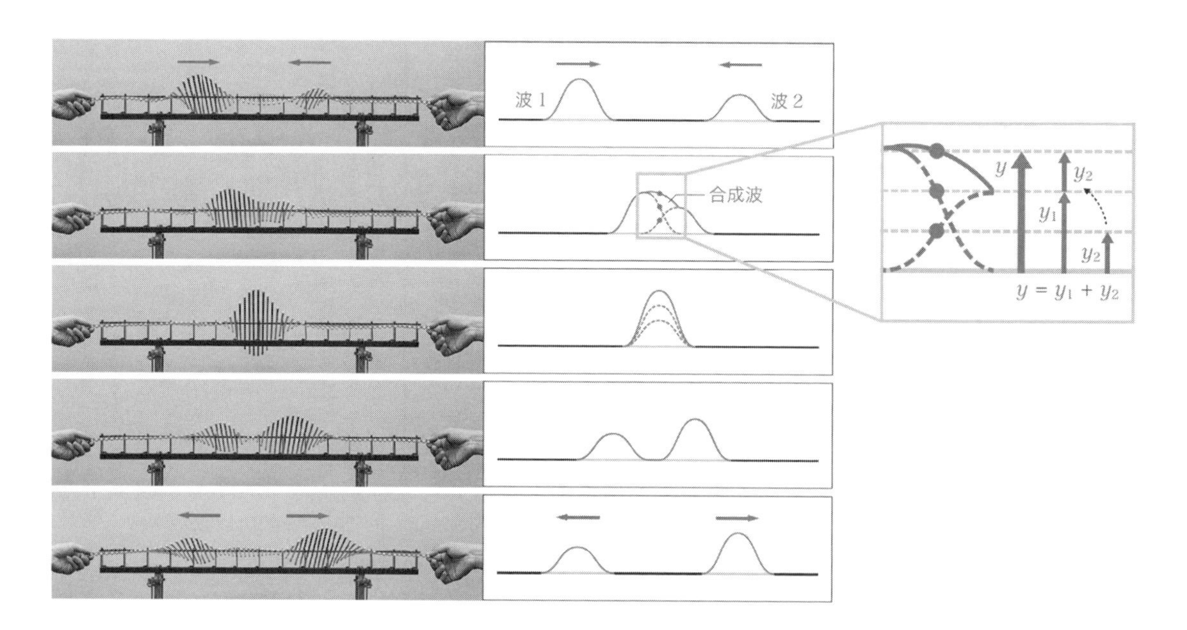

しかし，その後はそれぞれが影響を受けることなく，もとの波の 1＿＿＿＿＿を保って波が伝わっていく。この性質を波の 2＿＿＿＿＿＿という。

波の重ねあわせの原理

二つの波が出あって重なりあうとき，山と 3＿＿＿＿＿が重なりあうとさらに大きな山ができ，山と 4＿＿＿＿＿が重なりあうと打ち消しあうことがわかる。媒質の変位は，媒質のどの場所においても二つの波の変位の 5＿＿＿＿＿となる。二つの波の変位をそれぞれ y_1，y_2〔m〕としたとき，重なりあった波の変位 y〔m〕は，$y=$ 6＿＿＿＿＿＿＿と表される。これを波の重ねあわせの原理といい，重なりあった波を 7＿＿＿＿＿＿＿という。

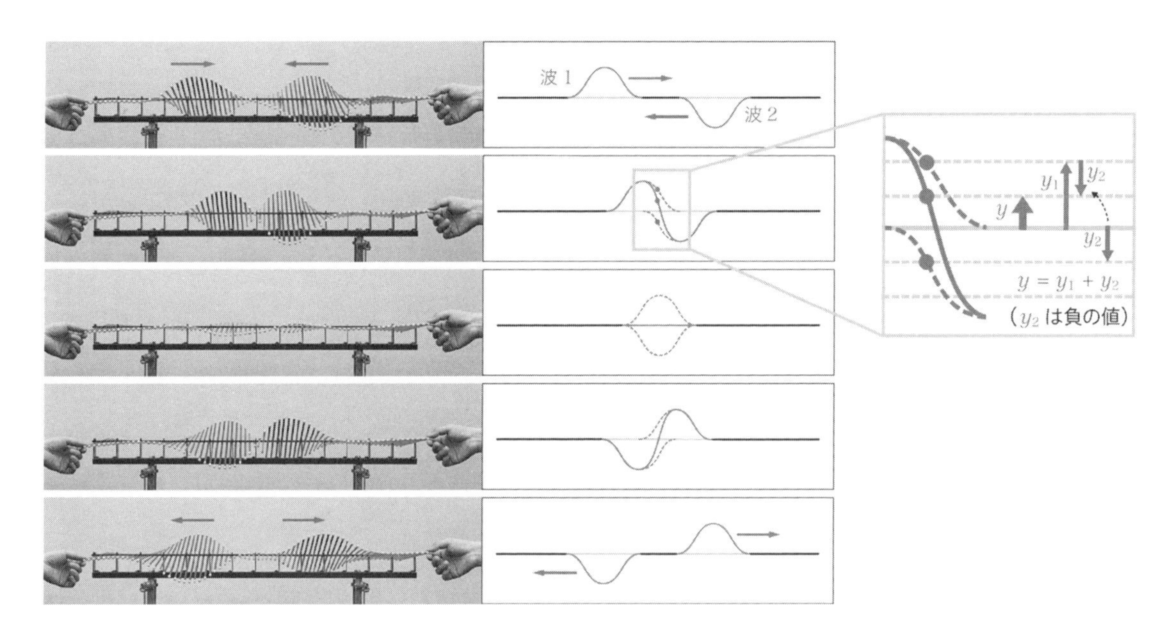

問 A　x 軸上を毎秒 1 マスずつ伝わる二つのパルス波(実線は右向き，破線は左向きに伝わる波)の時刻 $t=0$ s における波形である。1〜3 s 後の二つのパルス波の波形およびその合成波を下図に作図してみよう。

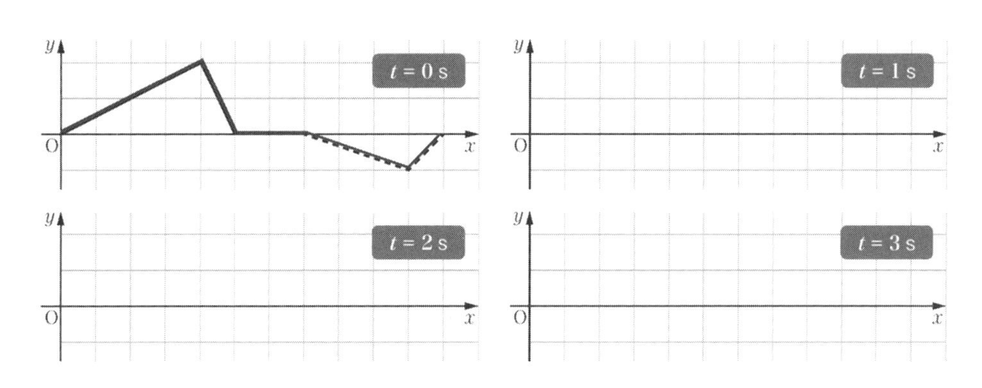

●Memo●

検印欄

定在波

図(a)のように，振幅と 1＿＿＿＿＿＿がそれぞれ等しい二つの連続波が，同じ速さで 2＿＿＿＿＿＿から進んできて重なりあうと，波が強めあって大きく振動する部分と，弱めあって振動しない部分が交互に 3＿＿＿＿＿＿で並ぶ。このような波を定在波(定常波) という。また，重なりあう前の波のように，一方に進んでいく波を進行波という。

定在波の波長はもとの波の波長と同じである。定在波の最も大きく振動する点を 4＿＿＿＿＿，振動しない点を 5＿＿＿＿＿という。隣りあう腹と腹(あるいは節と節)の間隔は，もとの波の波長の 6＿＿＿＿＿倍であり，腹と節の間隔は，もとの波の波長の 7＿＿＿＿＿倍である(図(b))。

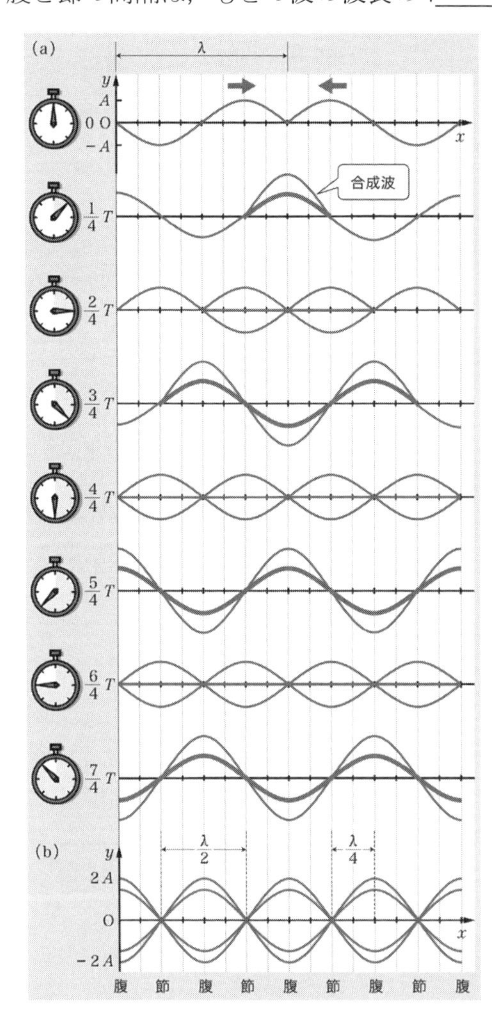

問 **B** 周期 T で波長の等しい右向きの進行波(実線)と左向きの進行波(破線)が重ねあわさっている。このときの合成波を作図してみよう。ただし，それぞれの進行波は，時間 T の間に 4 目盛進むものとする。

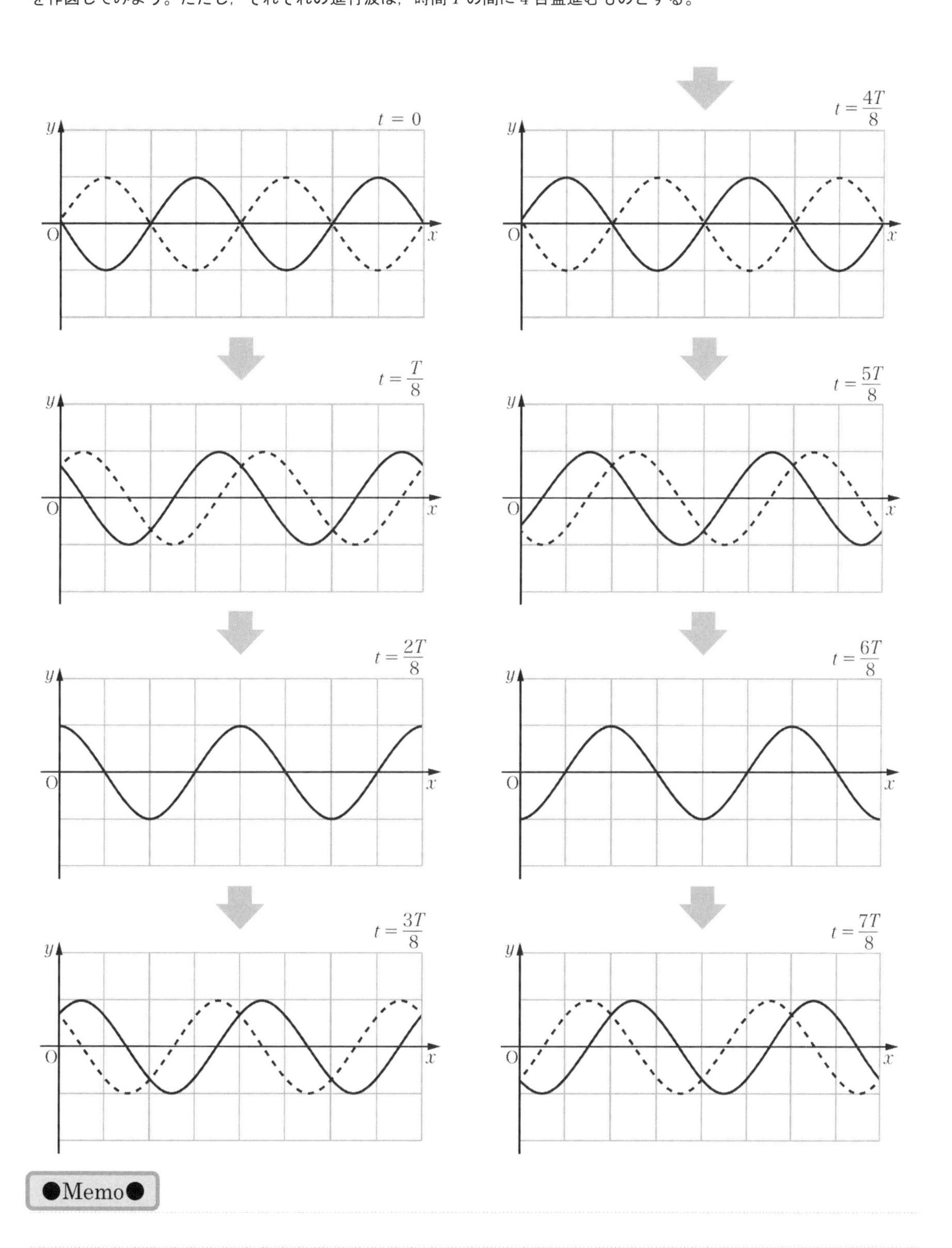

●Memo●

3－1  波の反射 p.112～113

月　　日

検印欄

 波の反射

ウェーブマシンの端から波を送ると，波は媒質の端やほかの媒質との境界で反射する。媒質の端やほかの媒質との境界に向かって進む波を 1＿＿＿＿＿＿＿，反射して反対に進む波を 2＿＿＿＿＿＿＿という。波が反射するときに実際に観測されるのは，1＿＿＿＿＿＿＿と 2＿＿＿＿＿＿＿の合成波である。

媒質が自由に動ける端を自由端という。自由端では波の形が 3＿＿＿＿＿＿＿反射されることにより，境界の媒質は 4＿＿＿＿＿＿＿＿＿(自由端反射)。波が反射するときの合成波は，次の方法で作図をすることができる 。

自由端における反射

①反射が起こらないとしたときの，入射波の延長をかく。
②入射波の延長を，自由端に対して折り返す。

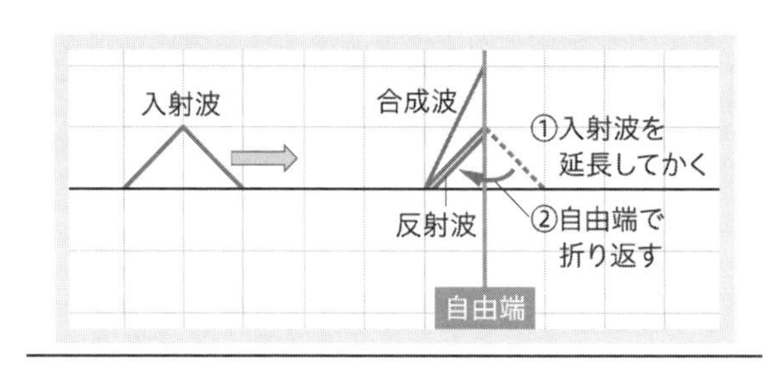

一方，媒質が固定され，動けない端を固定端という。固定端では波の上下が 5＿＿＿＿＿＿し，左右折り返されて反射される。よって，固定端での合成波の変位はつねに 6＿＿＿＿＿となる(固定端反射)。波が反射するときの合成波は，次の方法で作図をすることができる 。

固定端における反射

①反射が起こらないとしたときの，入射波の延長をかく。
②入射波の延長を，上下に反転させる。
③さらに固定端に対して折り返す。

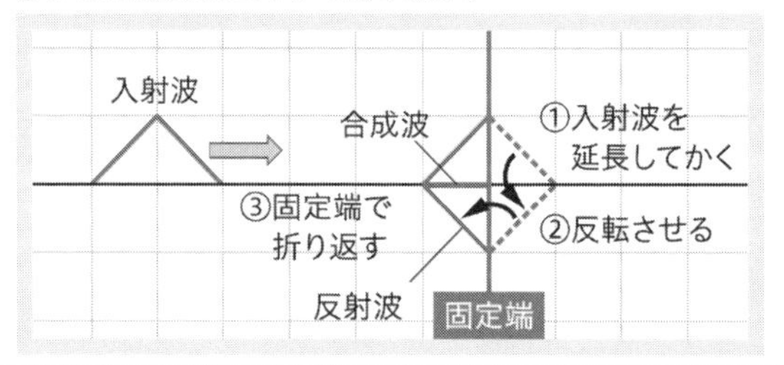

連続波の反射と定在波

ウェーブマシンの端から連続波を送り続ける場合を考える。連続波の反射は，パルス波の場合と同様に作図できる。

入射波と反射波が連続的に重なりあうため，合成波は 7＿＿＿＿＿＿＿となる。ウェーブマシンの端は，自由端の場合は 8＿＿＿＿＿になる。

自由端における反射

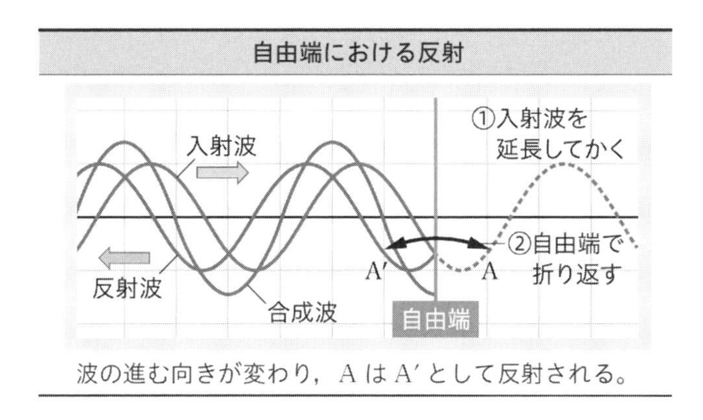

波の進む向きが変わり，A は A′ として反射される。

固定端の場合は 9＿＿＿＿＿になる。

固定端における反射

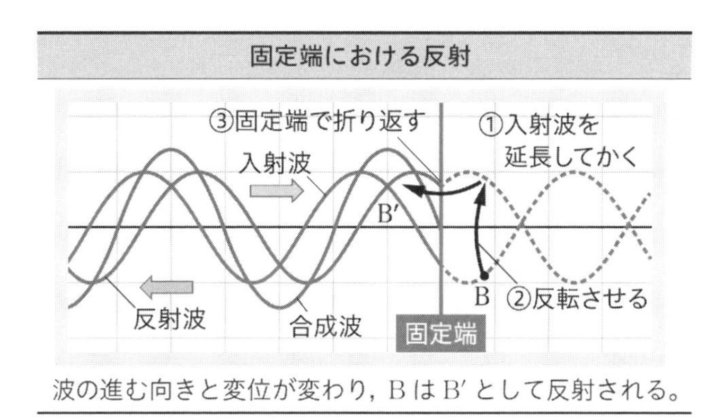

波の進む向きと変位が変わり，B は B′ として反射される。

●Memo●

検印欄

3－2  音の伝わり方 p.118〜119　　月　　日

 音(音波)

太鼓をたたくと皮の膜が振動して，それが空気を振動させる。すると空気に疎密の変化が生じ，1＿＿＿＿＿波として音が伝わる。空気などの媒質を伝わる1＿＿＿＿＿波を音または音波という。また，太鼓のように音を発する物体を2＿＿＿＿＿＿という。音は空気以外の気体や液体，そして固体が媒質になることもある。媒質が存在しない真空中では音は伝わ3＿＿＿＿＿＿＿。

音が伝わる速さは媒質によって決まる。一般的に固体，液体，気体の順に音の速さは4＿＿＿＿＿＿＿。また，空気中を伝わる音の速さは，気温が高いと速く，気温が低いと遅くなる。気温 t〔℃〕における音の速さ V〔m/s〕は，$V=$ 5＿＿＿＿＿＿＿＿＿＿と表される。

音を特徴づけるものに，音の大きさ・音の高さ・音色がある。これを音の6＿＿＿＿＿＿＿という。

うなり

同じ振動数の二つのおんさを同時に鳴らしても，一つのおんさの音として聞こえる。次に，一方のおんさにクリップをつけ，振動数をわずかにずらしてから，二つのおんさを同時に鳴らすと，周期的な音の7＿＿＿＿＿＿のくり返しが聞こえる。この現象をうなりという。

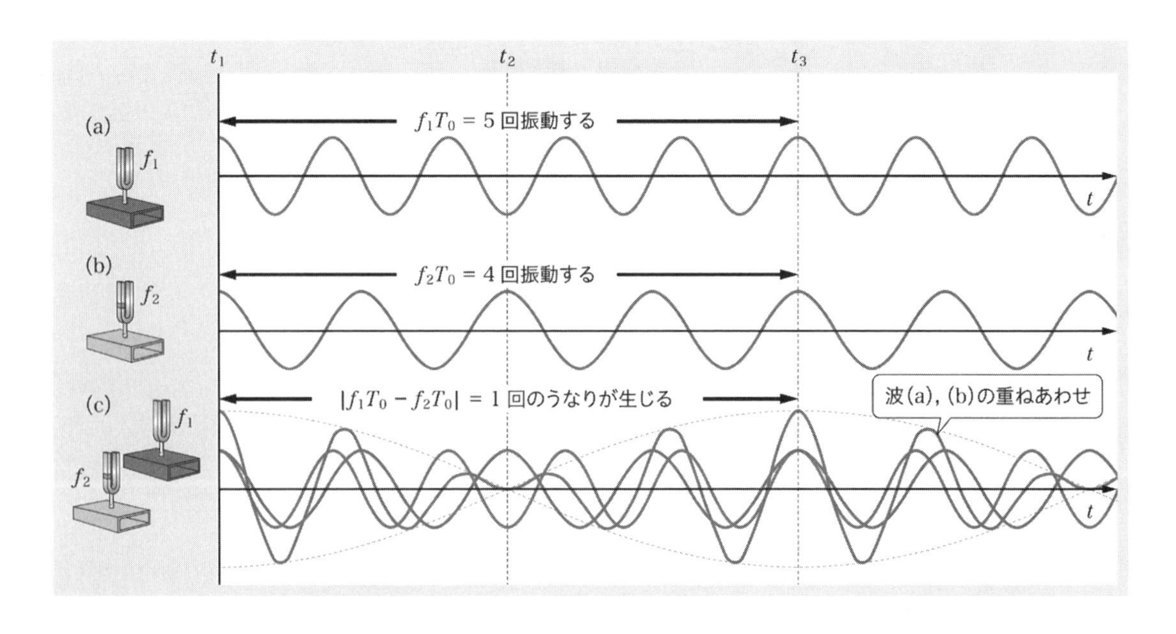

振動数が少しだけ異なる音が重なるとうなりが生じる。うなりが聞こえなければ，二つの音は ${}_{8}$__________振動数である。また，振動数の差が大きいとうなりは生じず，二つの音は別の高さの音として区別して聞くことができる。

振動数 f_1〔Hz〕と f_2〔Hz〕の音が重なりあって生じる 1 s あたりのうなりの回数 f〔Hz〕は，f ＝${}_{9}$____________で表される。

問 4 振動数 440 Hz のおんさ A と，振動数のわからないおんさ B を同時に鳴らしたところ，毎秒 2 回のうなりが聞こえた。おんさ B の振動数はいくらか。ただし，おんさ B はおんさ A よりも低い音が出るとする。

●Memo●

3－2　❷ 弦の振動　p.120〜121

月　　日　　検印欄

共振と共鳴

身のまわりの物体をたたくと，たたく強さにかかわらず，特定の高さの音が出る。また，楽器も決まった高さの音を出すことができる。これは，物体や楽器が特定の振動数でよく振動するからである。一般に，物体を振動させると，物体固有の振動数で振動する。この振動を 1________________ といい，このときの振動数を 2________________ という。

振り子の固有振動数は，おもりの質量にはよらず，振り子の長さで決まる。長さの異なる振り子の一つだけを振動させると，同じ 2________________ をもつ振り子がよく振れる。これは，物体に自身の 2________________ にあった振動が加えられると，物体は大きく振動するからである。この現象を 3____________ (または共鳴)という。

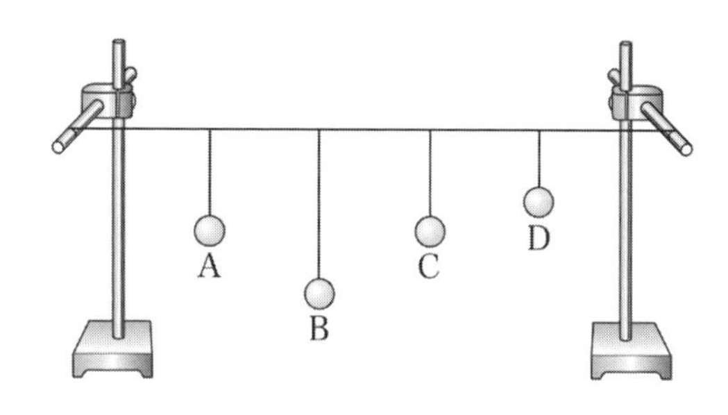

図のように同じ 4______________ のおんさを鳴らした場合にも，同様の現象が観測できる。

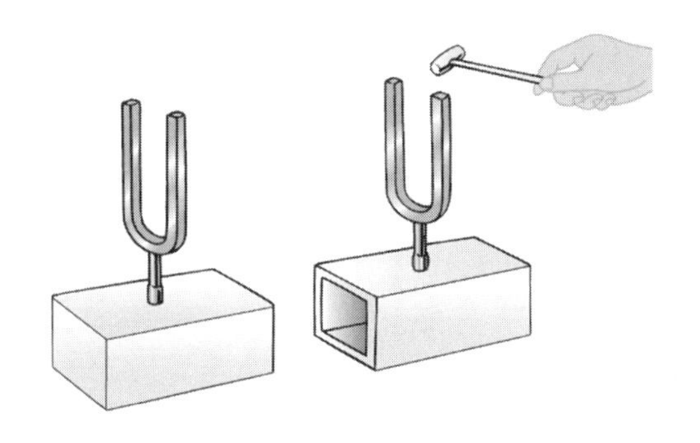

弦の振動

長さ L〔m〕の弦を低周波発振器を用いて振動させると，振動数が弦の固有振動数と一致したときに共振が起こり，腹が 1 個の定在波ができる。これを 5______________といい，5______________による音を基本音という。この振動数をしだいに大きくすると，腹が 2 個(2 倍振動)，3 個(3 倍振動)，…の定在波ができる。これらを 6______________といい，6______________による音を倍音という。

弦を伝わる波の速さを v〔m/s〕とすると，弦の振動数 f〔Hz〕は $f=$ 7______________ ($n=1, 2, 3, \cdots$: 腹の数)で表される。腹の数が n 個($n \geqq 2$)のときを 8______________という。

問 5　弦楽器の長さ 0.400 m の弦に基本振動をつくると，440 Hz の音が出た。この弦を伝わる波の速さを求めよ。また，同じ弦に 3 倍振動をつくると振動数はいくらになるか。

●Memo●

3－2 気柱の振動 p.122～123

月　日　検印欄

閉管と開管

長さの等しい試験管に水を入れ，試験管の口に息を吹きかけると，いろいろな高さの音が出る。これは，音波が管内の水面では固定端反射，試験管の口では 1＿＿＿＿＿＿反射をし，試験管内の空気(気柱)に定在波が生じるためである。水の量が多くなり，気柱が短くなるほど，2＿＿＿＿＿＿音が出る。

試験管のように，片側が閉じている管を 3＿＿＿＿＿＿という。管内に定在波が生じているとき，閉口部が 4＿＿＿＿＿，開口部が 5＿＿＿＿＿となる(図(a))。開口部にできる 5＿＿＿＿＿の位置は管口より少し外側になることが知られている。これを開口端補正という。

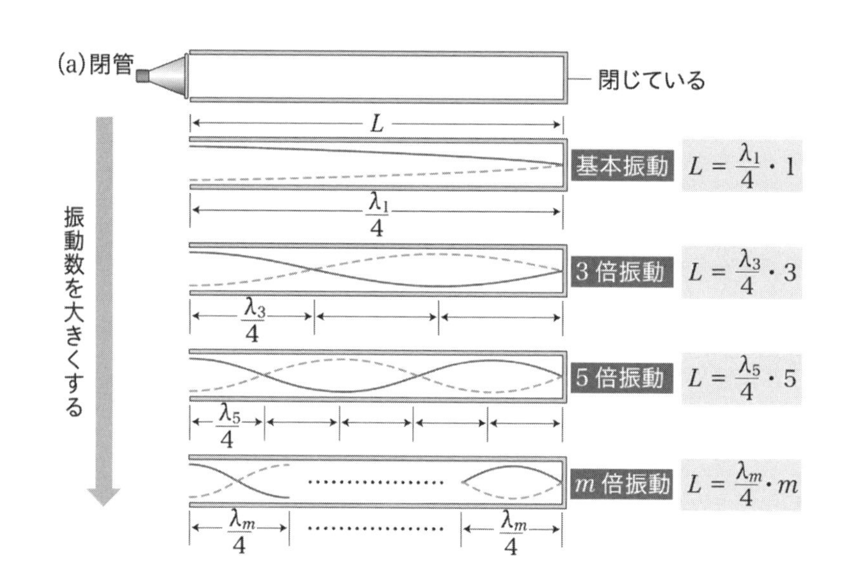

リコーダーのように，両端がともに開いている管を 6____________という。管内に定在波ができているとき，両端は 7__________となる(図(b))。

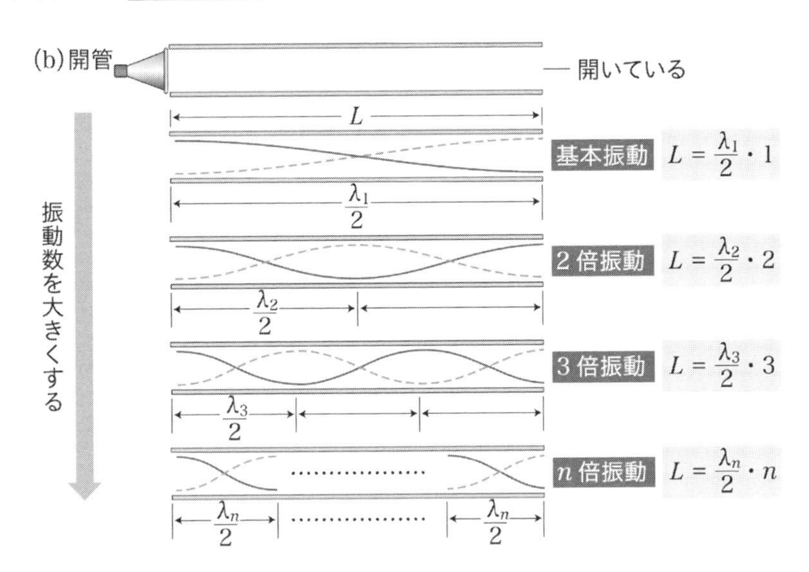

問 6 長さ 0.340 m の閉管において，気柱で基本振動が生じるときの音波の波長と振動数はそれぞれいくらか。ただし，音の速さを 340 m/s とし，開口端補正は無視できるものとする。

●Memo●

4－1  静電気と電子 p.130～131 月 日

静電気

プラスチックの棒を紙でこすると，静電気が発生する。物体が静電気を帯びることを 1__________といい，1__________している物体が受ける力を 2______________という。静電気の存在は，帯電した棒が紙片を引きつけることなどで確かめることができる。

帯電した物体がもつ電気を電荷といい，電荷の量を電気量という。電気量の単位にはクーロン(記号 3________)を用いる。電荷にはプラス(正)とマイナス(負)の 2 種類があり，4__________種類の電荷は反発しあい，5____________種類の電荷は引きあう。

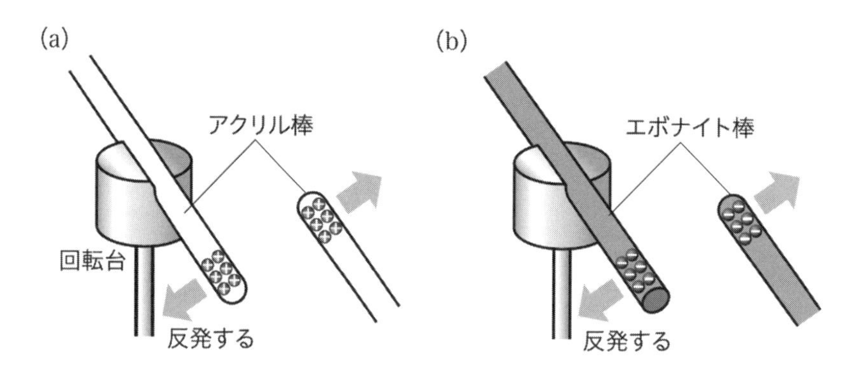

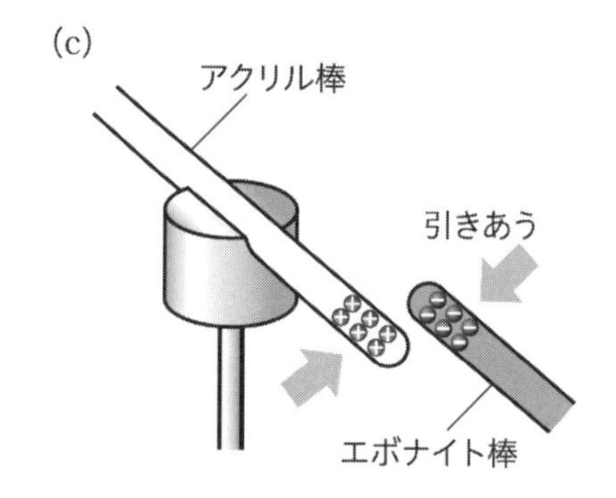

原子の構造

すべての物質は原子からできており，原子は原子核と電子で構成されている。原子核は原子の中心にあり，6_________に帯電している。電子は 7_________に帯電しており，原子核のまわりに存在している。1 個の電子がもつ電気量の大きさ e を 8______________という。

原子には，正の電荷と負の電荷が等しい量だけ存在するので，電気量の合計は 9_________である。

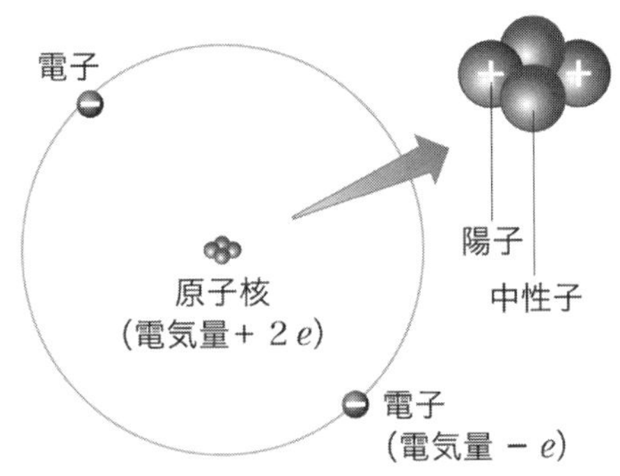

帯電と放電

プラスチックのストローとティッシュペーパーのような，二つの異なる物質をこすりあわせたとき，一方から他方へと 10___________の移動が起こって帯電する。このとき，電荷は移動するが，消えてなくなったり新しくうまれたりはしない。

静電気は空気が乾燥していると物体の表面にたまりやすく，火花 11___________という現象が起こる。11___________は，空気中を 10___________が移動する現象であり，身のまわりでは，湿度が低い日にドアノブに手を触れたときや，雷などで見ることができる。

●Memo●

検印欄

4－1 ② 電流と電気抵抗 p.132～133 月 日

導線を流れる電流と導体・不導体・半導体

電子などの電荷をもった粒子の流れを電流という。電流の向きは，1＿＿＿＿＿の電荷が移動する向きと定められている。

私たちの身のまわりにある物質のうち，金属のように電流が流れやすい物質を導体，ほとんど流れない物質を不導体(絶縁体)という。また，導体と不導体の中間の性質をもつものを2＿＿＿＿＿＿＿という。2＿＿＿＿＿＿＿はLEDなどに用いられている。

導線などの導体中には，自由に動くことのできる電子が存在し，これを自由電子という。導線中の電流は自由電子(負の電荷) の流れであるため，電流の向きは電子の動く向きと3＿＿＿＿＿になる。銅やアルミニウムなどは自由電子の数が4＿＿＿＿＿＿，電気をよく通す。金や銀，鉄なども導体である。金属以外でも，黒鉛などは電気をよく通す。食塩やプラスチックなどは自由電子がほとんどないので，不導体である。

導線を流れる電流の大きさは，単位時間に導線の断面を通過する5＿＿＿＿＿＿＿の大きさを表し，その単位にはアンペア(記号A)を用いる。導線の断面をt〔s〕間に大きさQ〔C〕の電気量が通過するとき，電流I〔A〕は$I=$6＿＿＿＿＿＿で表される。

問 1 豆電球に0.15 Aの電流が流れているとき，20 s間に豆電球を通過した電気量の大きさは何Cか。

電圧

電流を流そうとするはたらきの大きさを₇__________といい，単位にはボルト(記号 V)を用いる。電池や電源装置は，電圧を一定に保つための装置であり，電流を流すはたらきをしている。

オームの法則

ニクロム線などの両端に電圧を加えて電流を流したとき，電圧 V〔V〕は電流 I〔A〕に 8__________する。この関係をオームの法則という。このときの比例定数を R とすると，R は電流の流れにくさを表し，抵抗または電気抵抗という。抵抗の単位にはオーム(記号 Ω)を用いる。オームの法則は V ＝9__________と表される。

問 2 10 Ω の抵抗に 5.0 V の電圧を加えたとき，何 A の電流が流れるか。

____

問 3 3.0 V の電圧を抵抗に加えたところ，0.50 A の電流が流れた。この抵抗は何 Ω か。

____

●Memo●

3 抵抗の接続 p.134〜135

月　日

検印欄

抵抗の接続

接続された複数の抵抗をまとめて一つの抵抗とみなすとき，これを 1＿＿＿＿＿＿＿＿ という。

R_1，R_2〔Ω〕の二つの抵抗を図のように接続することを 2＿＿＿＿＿＿ 接続という。このとき，各抵抗を流れる電流は等しく，回路全体にかかる電圧は各抵抗にかかる電圧の 3＿＿＿＿＿ となる。よって，合成抵抗 R〔Ω〕は R ＝4＿＿＿＿＿＿＿ で表される。

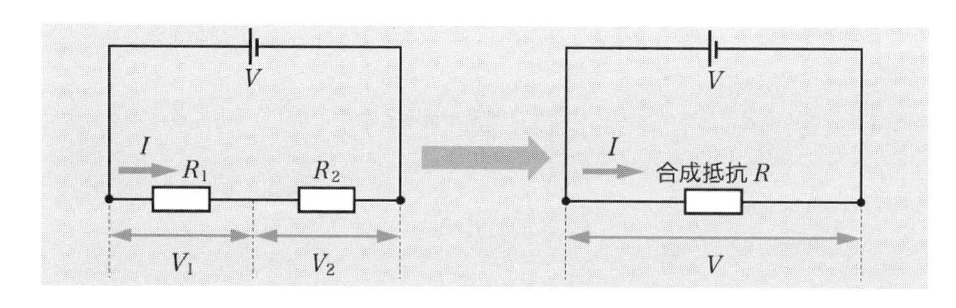

類題 1　3.0 Ω，5.0 Ω の抵抗と 12 V の直流電源がある。二つの抵抗を直列に接続して電源につないだとき，流れる電流 I〔A〕はいくらか。

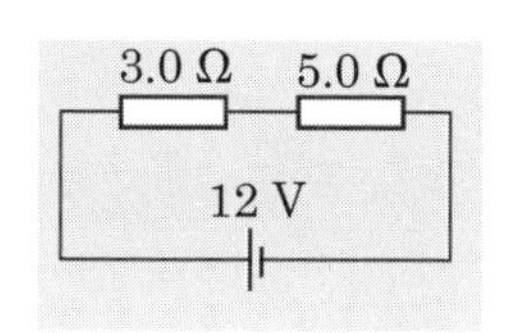

問 4　4.0 Ω の抵抗と R〔Ω〕の抵抗を直列に接続して 1.5 V の電源につないだところ，0.25 A の電流が流れた。このとき，R は何 Ω か。

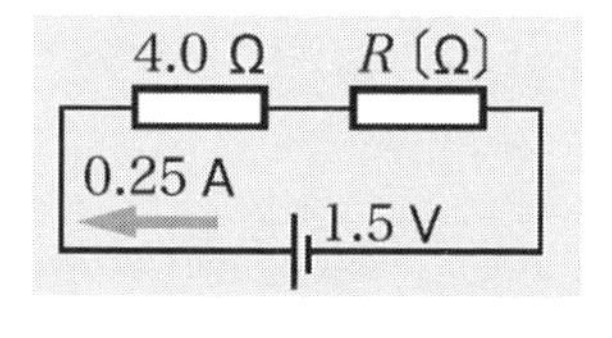

R_1，R_2〔Ω〕の二つの抵抗を図のように接続することを 5＿＿＿＿＿＿接続という。このとき，各抵抗にかかる電圧は等しく，回路全体に流れる電流は各抵抗に流れる電流の 6＿＿＿＿＿となる。よって，合成抵抗を R〔Ω〕とすると，$\frac{1}{R}=$ 7＿＿＿＿＿＿＿＿と表される。

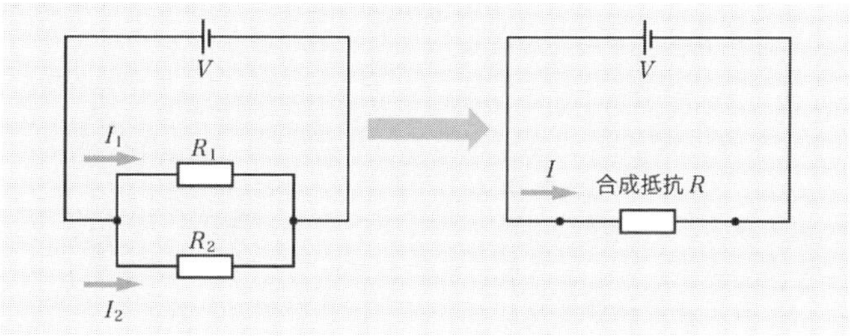

抵抗を二つ以上つなぐ場合，直列接続では合成抵抗の値は 8＿＿＿＿＿＿＿なり，並列接続では合成抵抗の値は 9＿＿＿＿＿＿＿なる。

類題 2 2.0 Ω と 3.0 Ω の抵抗を並列につなぎ，さらに 1.8 Ω の抵抗をこれらに直列につないだ。合成抵抗の値は何 Ω か。

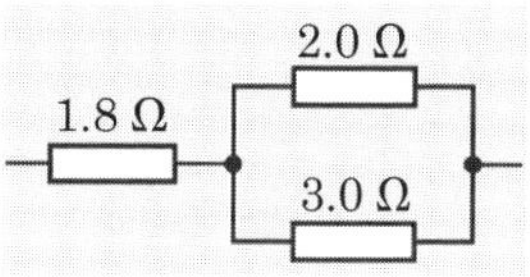

問 5 6.0 Ω，12 Ω の抵抗と 3.6 V の直流電源がある。二つの抵抗を並列に接続して電源につないだとき，回路中の点 A に流れる電流 I〔A〕はいくらか。

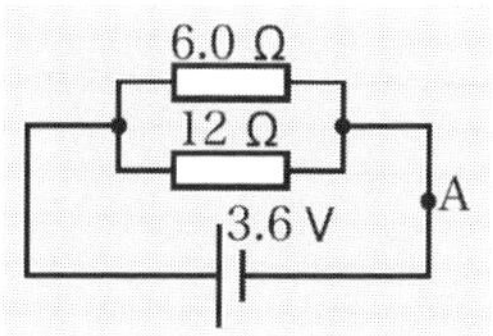

●Memo●

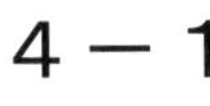 

4−1 4 抵抗率 p.136〜137

月　　日

検印欄

抵抗率

抵抗は，電気部品の抵抗器やニクロム線だけがもつ性質ではない。実験で使われる導線や電気製品のコードも，値は小さいが抵抗をもっている。

これらの物体の抵抗の大きさは何で決まるのだろうか。合成抵抗の式から，直列接続では合成抵抗は 1__________ なり，並列接続では 2__________ なることがわかっている。そのため，同じ物質であっても，長さや太さが異なると抵抗の大きさも異なると予想される。

物体の抵抗 R〔Ω〕は，その長さ L〔m〕に 3__________ し，断面積 S〔m^2〕に 4__________ する。比例定数を ρ とすると，物体の抵抗とその長さ，断面積，比例定数 ρ の間には，R = 5__________ の関係がある。

ρ は物質の 6__________ や温度によって決まる定数で抵抗率という。抵抗率の単位には，オームメートル(記号 7__________)を用いる。

❶ 金属線

断面積 S　長さ L　抵抗率 ρ

❷

❸

金属線の抵抗

❶金属線の長さ：L，断面積：S，
抵抗：R

❷金属線の長さ：$L+L+L=3L$，断面積：S，
抵抗：$\rho\dfrac{3L}{S}=3R$

❸金属線の長さ：L，断面積：$S+S+S=3S$
抵抗：$\rho\dfrac{L}{3S}=\dfrac{R}{3}$

さまざまな物質の抵抗率

さまざまな物質の抵抗率を図に示す。図のように，8＿＿＿＿＿＿の抵抗率は小さく，9＿＿＿＿＿＿の抵抗率は大きい。半導体は，8＿＿＿＿＿＿と 9＿＿＿＿＿＿の間の値である。

導体　　半導体　　不導体　〔Ω・m〕

10^{-8}　10^{-6}　10^{-4}　10^{-2}　1　10^{2}　10^{4}　10^{6}　10^{8}　10^{10}　10^{12}　10^{14}　10^{16}

銅
アルミニウム
鉄
ニクロム
ゲルマニウム
ケイ素
ソーダガラス
ポリ塩化ビニル
アクリル
天然ゴム
ポリエチレン

考えてみよう

●Memo●

検印欄

4－1  電力と電力量 p.138〜139 月 日

ジュールの法則

ニクロム線のような金属に電流が流れると，抵抗によって熱が発生する。この熱は，金属原子が自由電子との衝突によりその運動エネルギーを受け取り，金属原子の 1＿＿＿＿＿＿が激しくなることによって生じる。これを 2＿＿＿＿＿＿という。

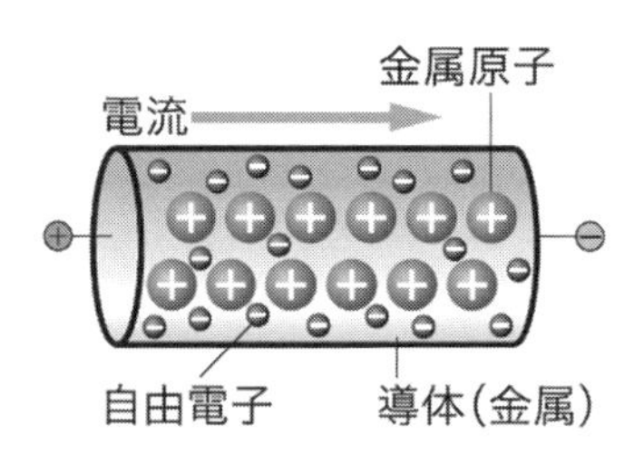

抵抗 R〔Ω〕のニクロム線に電圧 V〔V〕を加え，I〔A〕の電流が t〔s〕間流れたとする。このとき，抵抗で発生するジュール熱 Q〔J〕は，次式で表される。

$Q = V \times$ 3＿＿＿＿＿ $= R \times$ 4＿＿＿＿＿ $= \frac{V^2}{R}t$

これを，5＿＿＿＿＿＿の法則という。

問 6 10 Ω の抵抗に 5.0 V の電圧を 30 s 間加えた場合に発生するジュール熱は何 J か。

電力量と電力

R〔Ω〕の抵抗に t〔s〕間電流が流れたとき，抵抗に流れた電流がした 6＿＿＿＿＿＿を電力量という。電力量の単位には，仕事やエネルギー，熱量の単位と同じジュール(記号 J)を用いる。抵抗にかかる電圧を V〔V〕，流れる電流を I〔A〕とすると，電力量 W〔J〕は次式で表される。

$W = V \times$ 7＿＿＿＿＿ $= R \times$ 8＿＿＿＿＿ $= \frac{V^2}{R}t$

抵抗が単位時間に消費する電気エネルギーを電力という。電力の単位にはワット(記号 W)を用いる。抵抗にかかる電圧を V〔V〕，流れる電流を I〔A〕とすると，抵抗が消費する電力 P〔W〕は，$P=$ 9＿＿＿＿＿ と表される。

日常生活では，電力量の単位にワット時(記号 10＿＿＿＿＿) またはキロワット時(記号 11＿＿＿＿＿) を用いている。

家庭には，使用した 12＿＿＿＿＿ を測定する電力量計や，流れる 13＿＿＿＿＿ を制限するブレーカーが設置されている。

ブレーカーは，いくつかの回路に分けて設置されており，家庭で使用している電気製品を流れる 13＿＿＿＿＿ の合計値が制限量を超えると，13＿＿＿＿＿ が遮断されるようになっている。

問 7 1.0 kWh は何 J か。

●Memo●

検印欄

磁場

磁石は，N 極と S 極の 2 種類の 1 ＿＿＿＿＿ からなり，同極どうしは反発しあい，異極どうしは引きあう。このとき，磁石のまわりの磁力(磁気力)を受ける空間には，磁場(磁界)が生じているという。磁場中で方位磁針の 2 ＿＿＿＿ 極が指す向きを磁場の向きといい，そこではたらく磁力が 3 ＿＿＿＿＿＿ ほど，磁場は強い。

磁場を視覚的にイメージするために，磁力線とよばれる線をえがいた図を用いる。ある磁場を表す磁力線とは，その磁場中の各点に置かれた微小な方位磁針が 4 ＿＿＿＿＿ 向きをつないでいった線である。

磁力線の性質

(1) 5 ＿＿＿＿ 極から出て 6 ＿＿＿＿ 極に入る(途中で発生したり消えたりはしない)。

(2) 磁力線上の各点での接線は，その点での磁場の 7 ＿＿＿＿＿ を表す。

(3) 交わったり枝分かれしたりすることはない。

(4) 磁力線が密の場所では磁場は 8 ＿＿＿＿＿。疎の場所では磁場は 9 ＿＿＿＿＿。

問 8 地球の北極付近は，N 極と S 極のうち何極であると考えられるか。

電流がつくる磁場

エルステッドは，直線状の電流のまわりには，磁場が生じることを発見した。このとき，流れる電流が大きいほど，生じる磁場は 10＿＿＿＿＿＿なる。また，流れる電流の向きを逆にすると，生じる磁場の向きは逆になる。生じる磁場の向きは，電流の流れる向きに右ねじが進むように回したときの，ねじの 11＿＿＿＿＿＿の向きと同じである。これを 12＿＿＿＿＿＿＿の法則という。

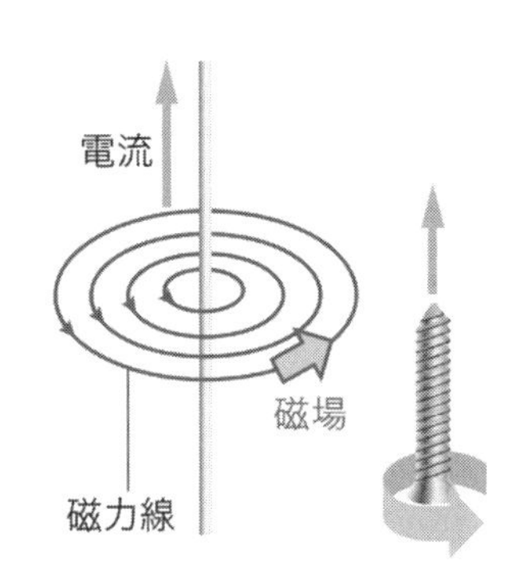

円形の導線に電流を流しても，そのまわりには磁場が生じる。円の中心に生じる磁場の向きは，右手の親指以外の指先を電流の向きと合わせたときの 13＿＿＿＿＿＿の向きになる。

導線をたくさん巻いたコイルをソレノイドという。ソレノイドに電流を流すと，ソレノイドの内部やまわりには磁場が生じる。流れる電流が 14＿＿＿＿＿＿＿，またはコイルの巻数が 15＿＿＿＿＿＿ほど，ソレノイドの内部に生じる磁場は強くなる。

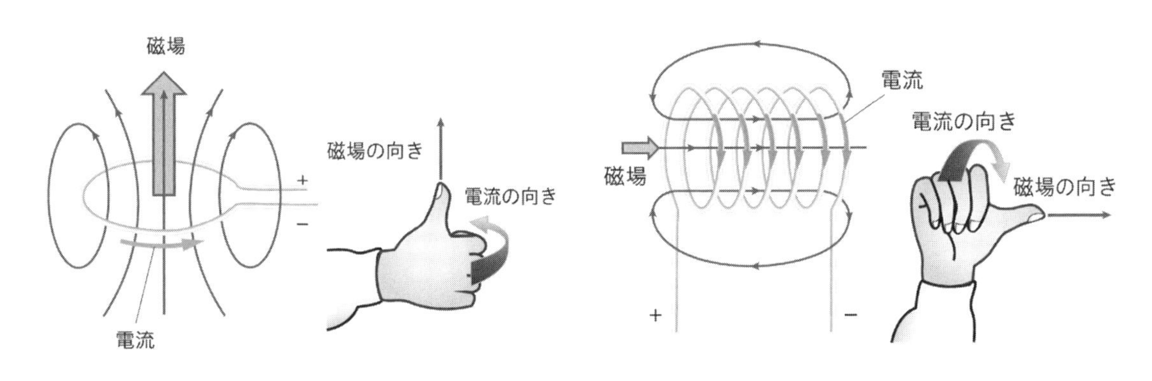

●Memo●

検印欄

4－2　② 電磁誘導　p.146～147　　月　　日

電流が磁場から受ける力

磁場の生じている空間で，磁場の向きと直交するように電流を流すと，その電流は磁場から
1＿＿＿＿＿＿を受ける。その1＿＿＿＿＿＿の大きさは，電流の大きさと磁場の強さに
2＿＿＿＿＿＿し，その向きは図のように表される。電流は周囲に磁場を生じさせるが，その一方で電流は磁場のある空間では力を受けることがわかる。

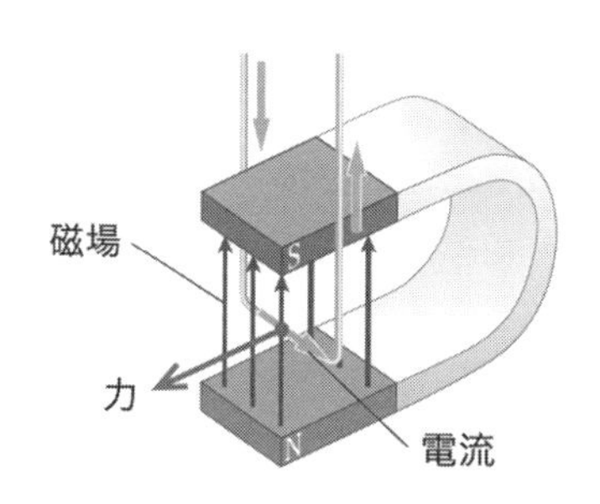

電磁誘導

コイルの近くで磁石を動かしたり，磁石の近くでコイルを動かしたりすると，コイルに
3＿＿＿＿＿＿が生じて回路に電流が流れる。この現象を電磁誘導といい，流れる電流を
4＿＿＿＿＿＿という。発電機はこのしくみを利用している。

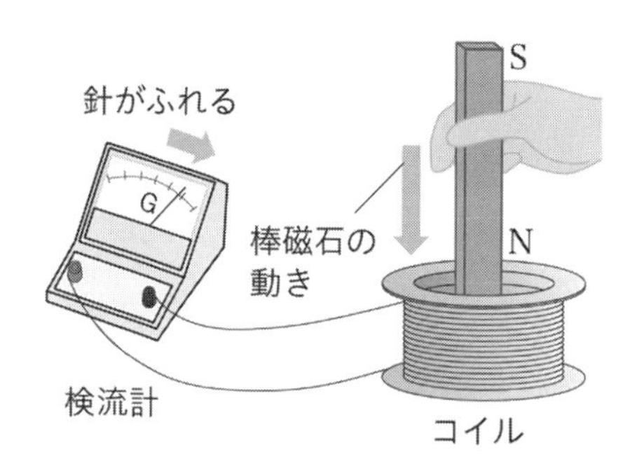

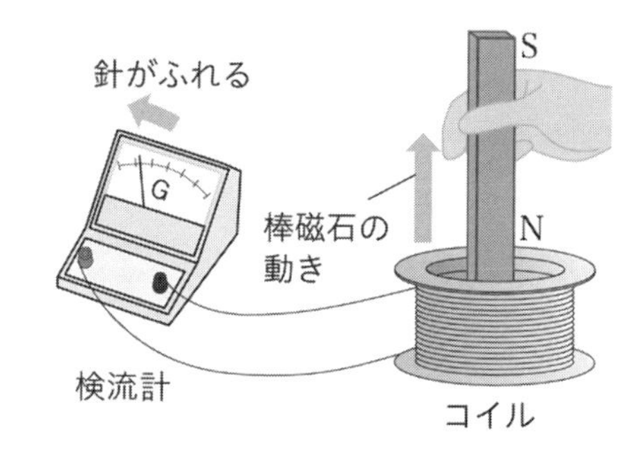

発電と直流・交流

モーターのコイルに力を加えて回転させると，磁場は変化しないが，コイルを貫く 5＿＿＿＿＿＿が変化して電磁誘導が起こり，誘導電流が流れる。このように，モーターは電流をつくりだす発電機としてもはたらく。火力，原子力，水力などの発電所では，発電機に取りつけられたタービンを回すことにより，電気を得ている。

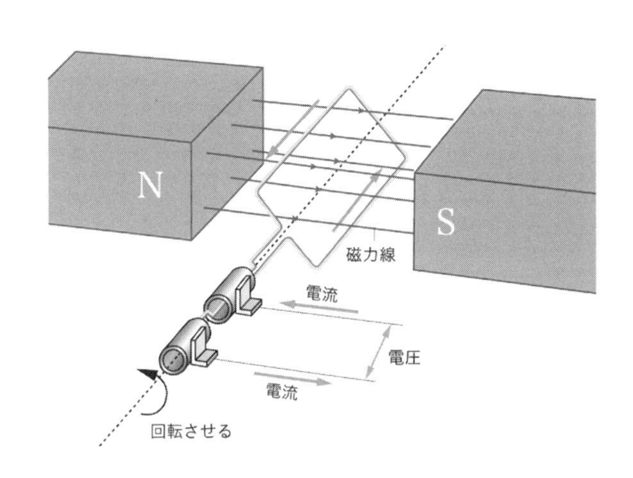

周期的に向きが変化する電流を 6＿＿＿＿＿＿という。発電所から送られてくる家庭用電源の電流は，交流である。電流の 1 s あたりの振動回数を 7＿＿＿＿＿＿といい，波の振動数と同じ単位ヘルツ(記号 8＿＿＿＿＿)を用いる。

一方，乾電池などからは，流れる向きが変化しない電流が得られ，電流はつねに＋極から－極へ流れる。このような電流を 9＿＿＿＿＿＿という。

問 9 周波数が 50 Hz の交流電流の周期は何 s か。

●Memo●

4－2　3　変圧と送電　p.148～149

月　　日

検印欄

変圧

図のように閉じた鉄心に二つのコイルを巻き，電源側の一次コイルに交流を流すと，一次コイルを流れる電流が変化する。これにともない，二次コイルを貫く 1 ________ も変化する。そのため，2 ________ により，反対側の二次コイルに交流電圧が発生する。このとき，二つのコイルの巻数 N_1，N_2〔回〕と，コイルの両端の電圧 V_1，V_2〔V〕の間には，次の関係がなりたつ。

$V_1 : V_2 =$ 3 ________

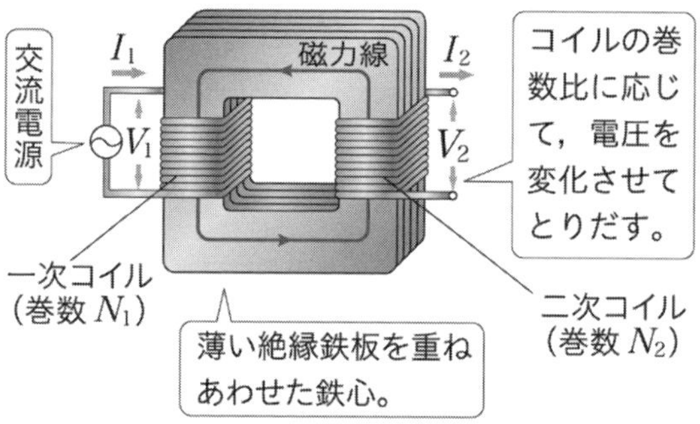

このように，交流電圧を変化させることを 4 ________ といい，変圧する装置を変圧器という。4 ________ では，交流の周波数は 5 ________ 。

交流電源
I_1
V_1
磁力線
I_2
V_2
コイルの巻数比に応じて，電圧を変化させてとりだす。
一次コイル（巻数 N_1）
薄い絶縁鉄板を重ねあわせた鉄心。
二次コイル（巻数 N_2）

類題 3　変圧器の一次コイルに 100 V の交流電圧を加えたところ，二次コイルからは 12 V の交流電圧が得られた。一次コイルと二次コイルの巻数の比はいくらか。

____

問 10　一次コイルの巻数が 200 回，二次コイルの巻数が 1000 回の変圧器がある。一次コイルに流れる交流電圧が 10 V，交流電流の大きさが 2.0 A であるとき，二次コイルに生じている交流電圧，交流電流の大きさはいくらか。

____

送電

発電所でつくられた電気は，送電線によって工場や家庭などに送られている。電圧の調整がしやすいため，発電・送電は 6__________で行われている。送電線には，アルミニウムなどが使われているが，電気抵抗があるため，7_______________が発生して電力の一部が失われる。その損失を少なくするため，発電所では送電電圧を 8_________くし，送電線に流れる電流を小さくしている。一定の電力を送電するとき，流れる電流は 9__________に反比例する。

家庭ではおもに 100 V で使用するので，送電経路の途中で変圧器により電圧を 10_________げている。このような工夫にもかかわらず，発電所でつくられた電力は，家庭に運ばれる途中で約 5 %が失われている。

●Memo●

検印欄

4－2 4 電磁波 p.150〜151

月　　日

電磁波

アンテナに周波数の大きい交流電流を流すと，1＿＿＿＿＿＿を発生させることができる。1＿＿＿＿＿＿は，1888 年に，ヘルツによってその存在が確認された。光や 1＿＿＿＿＿＿などをまとめて 2＿＿＿＿＿＿という。

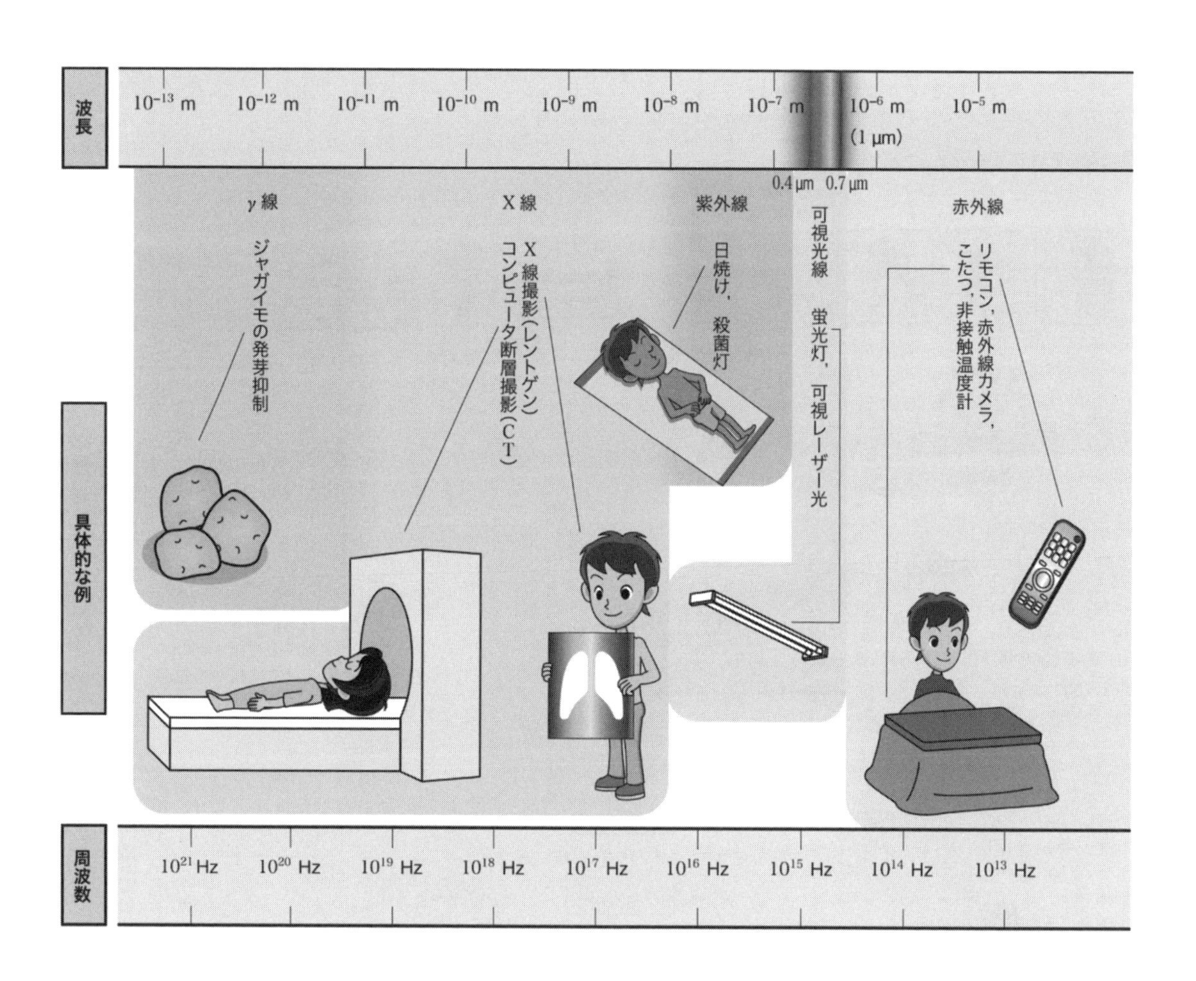

電磁波の性質と利用

電磁波は，3__________の違いによって性質が異なっている。大きく分けると，周波数の小さい方から順に，電波，4__________，可視光線，5__________，X 線，γ 線に分類される。真空中における電磁波の速さは，6__________に関係なく 3.0×10^8 m/s で，7__________の速さと同じである。

電磁波は，身のまわりのさまざまな場面で利用されており，たとえば，リモコンやX線撮影などで使われている。

10^{-4} m　10^{-3} m (1 mm)　10^{-2} m (1 cm)　10^{-1} m (10 cm)　1 m　10 m　10^2 m　10^3 m (1 km)　10^4 m (10 km)　10^5 m (100 km)

サブミリ波
ミリメートル波（EHF）
センチメートル波（SHF）
極超短波（UHF）
超短波（VHF）
短波（HF）
中波（MF）
長波（LF）
超長波（VLF）

マイクロ波
電波

非破壊検査，電波天文学
レーダー
携帯電話，電子レンジ
FMラジオ放送，無線LAN
短波放送，非接触ICカード
AMラジオ放送
標準電波（電波時計）
海底探査
SUMO

10^{12} Hz (1 THz)　10^{11} Hz　10^{10} Hz　10^9 Hz (1 GHz)　10^8 Hz　10^7 Hz　10^6 Hz (1 MHz)　10^5 Hz　10^4 Hz

●Memo●

5－1  エネルギーの変換と私たちのくらし p.158～159　月　日

検印欄

エネルギーの変換

エネルギーはほかの物体に 1____________をする能力であり，これまでに力学的エネルギー，熱エネルギー，電気エネルギーを扱ってきた。これらのエネルギーは互いに変換できる。

一般に，他のエネルギーに変換できるものもエネルギーの一種だと考える。たとえばソーラーパネルで電気エネルギーに変換できるので，2__________はエネルギーをもつと考える。他にも音や化学結合，原子核などがエネルギーをもつ。

私たちはより快適にくらしていくために，さまざまな場面でエネルギーの変換をおこなっている。

自動車のエンジンは，3____________________のほかに熱エネルギーや音のエネルギーを放出する。また，テレビは光や音のエネルギーのほかに，4_________________を放出する。このように，もとのエネルギーをすべて目的のエネルギーに変換できるとはかぎらない。

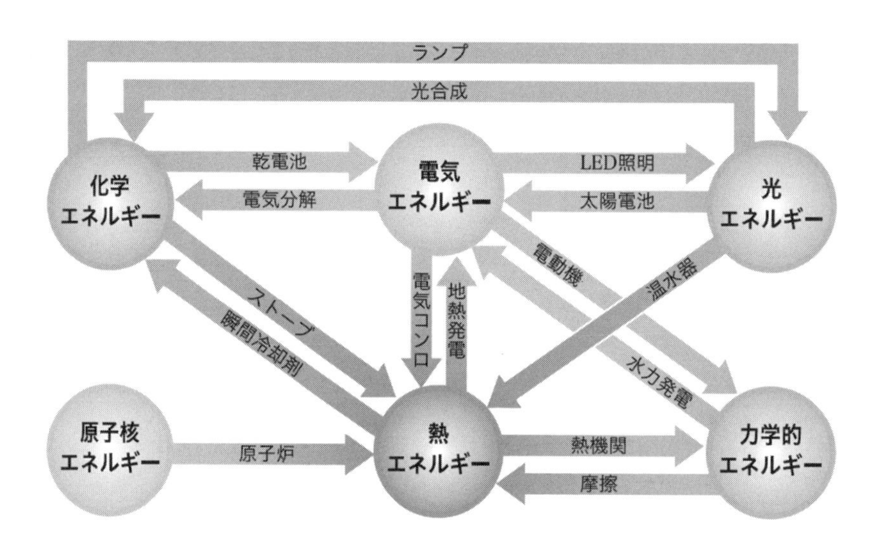

エネルギー保存の法則

エネルギーを変換しても，その 5＿＿＿＿＿＿は変わらない。これをエネルギー保存の法則という。私たちは，何もないところからエネルギーをつくりだすことができ 6＿＿＿＿＿＿。すでにあるエネルギーを他のエネルギーに変えずに消滅させることはでき 7＿＿＿＿＿＿。

重要法則　エネルギー保存の法則

エネルギー変換の前後でエネルギーの 5＿＿＿＿＿＿は変わらない。

上で述べたように，自動車は熱エネルギーを放出し，テレビなどの電気器具はジュール熱を生じる。ほかにも，運動エネルギーは摩擦によって熱に変わり，光を吸収した物体の温度は上がる。このように，エネルギーは利用するうちに 8＿＿＿＿＿エネルギーに変わり，しだいに周辺の環境に広がっていく。ただし，エネルギー保存の法則にしたがい，エネルギーの 5＿＿＿＿＿＿は変化しない。

考えてみよう

●Memo●

5－1  電気エネルギーへの変換 p.160～161 月 日

電気エネルギーへの変換

電気エネルギーは，熱や光，運動エネルギーなどのさまざまなエネルギーに変換し 1____________。送電線で輸送でき，他のエネルギーより安全性が高いなどの利点もあり，私たちのくらしに欠かせないものとなっている。

エネルギー保存の法則から，電気エネルギーを得るには，ほかのエネルギーから変換する必要がある。多くの発電方式では，化学エネルギーや 2__________エネルギーを用いてタービン(羽根車)などを回し，3_____________によって電気エネルギーを得ている。

火力発電では，図のように石炭や石油，天然ガスなどを燃やし，つくられた高温・高圧のガスや蒸気でタービンを回して電気エネルギーを得る。しかし，燃料を燃やすときに生じる 4_______________が地球温暖化のおもな要因の一つとされ，問題視されている。4_______________の排出量を減らすには，発電効率を向上させることも効果的である。

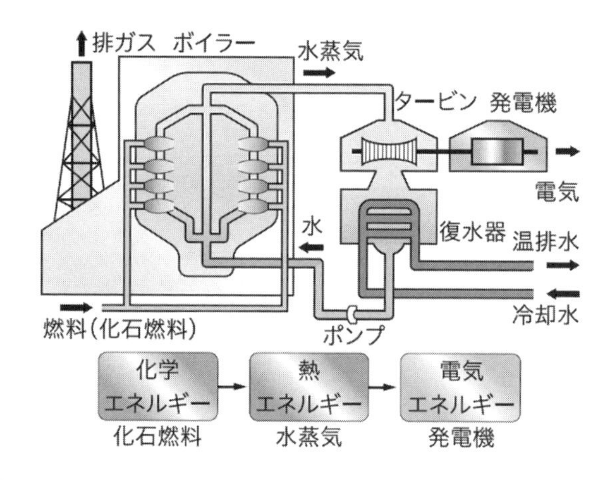

水力発電では，図のように水が高いところから流れ落ちて水車を回転させ，5＿＿＿＿＿＿エネルギーを得る。水力は日本で自給でき，発電時に二酸化炭素を排出 6＿＿＿＿＿＿エネルギーでもある。

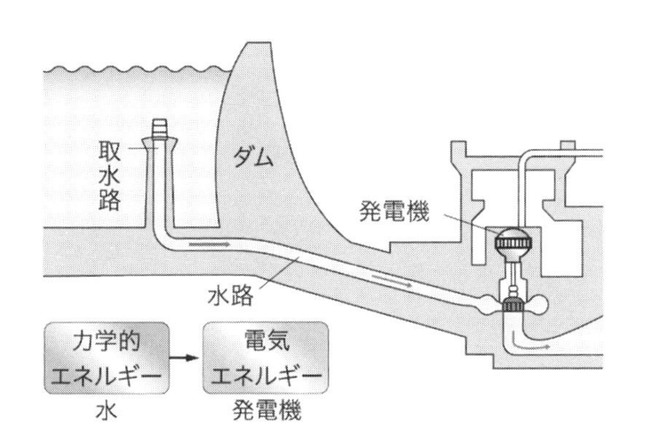

原子力発電では，ウランなどの原子が分裂するときに生じるエネルギーを用い，電気エネルギーを得る。

再生可能エネルギーとは，自然界からたえず供給され，7＿＿＿＿＿＿する心配のないエネルギーのことである。再生可能エネルギーによる発電の例として，太陽光発電，風力発電，地熱発電などがあげられる。これらはいずれも発電時に二酸化炭素を排出 8＿＿＿＿＿＿ことや，国内で 9＿＿＿＿＿＿できることなどのよさがあるが，費用の高さや発電の安定性などに課題がある。

		発電が安定しているか	環境にやさしいか	そのほかの特徴・課題
火力発電		安定して発電できる。	燃料を燃やすので二酸化炭素を排出する。	発電量を調整しやすい。燃料となる資源には限りがある。
原子力発電		安定して高出力を保つことができる。	発電時に二酸化炭素を排出しないが，放射性廃棄物❹が残る。	火力発電と比べると少量の燃料で大きな出力を得られるが，厳重な管理が必要。
再生可能エネルギー	水力発電	夏などに水不足にならなければ安定して発電することができる。	発電時に二酸化炭素を排出しないが，発電所をつくるときの自然環境への影響が大きい。	エネルギーの変換効率が高い。発電量を調整することもできる。
	地熱発電	再生可能エネルギーによる発電の中では安定している。	発電所をつくるときの自然環境への影響が大きい。	季節や天候の影響を受けないが，エネルギーの変換効率は低い。
	太陽光発電	昼夜や天気の変化で大きく影響される。	発電時には二酸化炭素を排出しない。	出力を上げるには広い面積が必要。
	風力発電	風の強さや向きに大きく影響される。	発電時には二酸化炭素を排出しない。	騒音が発生する。出力を上げるには広い面積が必要。

●Memo●

5－1 ③ 原子核エネルギー p.162～163 月 日

検印欄

原子と原子核

原子の中心にある原子核は 1＿＿＿＿＿＿ と中性子からできている。原子の種類は原子核がもつ 1＿＿＿＿＿＿ の数で決まり，その数を 2＿＿＿＿＿＿＿＿ という。また，1＿＿＿＿＿＿ と中性子の数の合計を 3＿＿＿＿＿＿＿ という。原子の種類を元素とよび，それぞれ元素記号が定められている。同じ元素(原子核内の 1＿＿＿＿＿＿ の数が同じ)でも，中性子の数が異なる原子が存在し，これらを互いに 4＿＿＿＿＿＿＿＿＿＿＿＿＿＿ という。

元素記号の左上に 5＿＿＿＿＿＿＿，左下に 6＿＿＿＿＿＿＿＿ をかくことがある。

問 1 $^{14}_{6}C$と表される炭素の原子核がもつ陽子の数と中性子の数はそれぞれいくつか。

問 2 原子番号が 8 である酸素の元素記号は O である。では，中性子を 10 個もつ酸素原子の正しい表し方は，次のア～ウのどれか。

ア：$^{10}_{8}O$　イ：$^{18}_{10}O$　ウ：$^{18}_{8}O$

核分裂

$^{235}_{92}U$と表されるウラン原子核が中性子を吸収すると，二つの原子核に分裂する。このように，質量数の大きな原子核が分裂することを 7＿＿＿＿＿＿＿ という。原子核はエネルギーをたくわえており，核分裂のときには大量のエネルギーを放出する。このように核分裂や核融合のときに放出されるエネルギーを 8＿＿＿＿＿＿＿＿＿＿＿＿＿＿＿＿＿＿ という。

原子力発電のしくみ

$^{235}_{92}U$が核分裂するとき，同時にいくつかの 9____________が放出される。この 9____________がほかの$^{235}_{92}U$に吸収されると，さらに核分裂が起こる。放出された 9____________によって次々と核分裂が起こることを 10______________という。

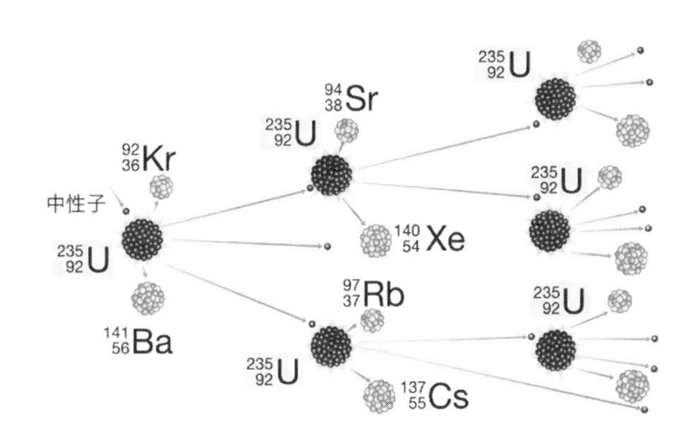

$^{235}_{92}U$が核分裂する場合，生じた 9____________がすべて 10______________を引き起こすと，核分裂する原子核が急増してしまう状態となる。一方，10______________が起こらなければ核分裂は停止する。核分裂を持続させるには，生じた 9____________のうち平均 1 個が連鎖反応を起こせばよい。このような，核分裂が一定の割合で持続的に起こる状態を 11___________という。11___________が維持されると，大量の 12_________エネルギーを放出し続ける。原子力発電は，この 12_________エネルギーを用いてタービンを回し，電気エネルギーを得る。

原子力発電の特徴

原子力発電には，発電の際に二酸化炭素や窒素酸化物，硫黄酸化物などの，地球温暖化や酸性雨，大気汚染の原因となる気体などを排出 13____________ことや，少量の燃料から大量のエネルギーを得られること，安定的に高い出力を得られることなどの利点がある。しかし，原子力発電の課題についても知っておく必要がある。

●Memo●

5－1　4 放射線　p.164〜165

月　　日

検印欄

放射線の種類と性質

原子核が不安定な同位体は，エネルギーの高い粒子や電磁波を放出し，より安定な原子核に変化することがある。これを 1＿＿＿＿＿＿＿＿といい，1＿＿＿＿＿＿＿＿を起こす同位体を 2＿＿＿＿＿＿＿＿(ラジオアイソトープ)，放出されるエネルギーの高い粒子や電磁波を放射線という。

2＿＿＿＿＿＿＿＿が放出するおもな放射線は，α 線，β 線，3＿＿＿＿線である。このほか，核反応によって生じる中性子線や放電現象などで生じる X 線なども放射線とよぶ。放射線の種類により，透過力や 4＿＿＿＿＿＿＿は異なる。

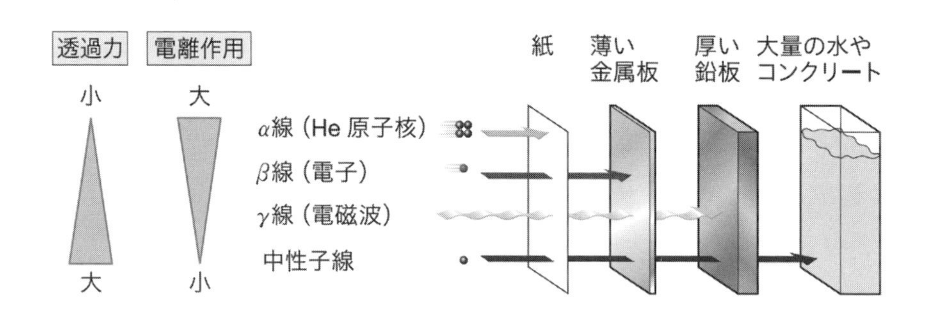

原子核が放射線を放出する能力を 5＿＿＿＿＿＿＿といい，5＿＿＿＿＿＿＿をもつ物質を放射性物質という。

放射線・放射能の単位

放射能の単位はベクレル（記号 6＿＿＿＿＿）で，1 s 間に 7＿＿＿＿回放射性崩壊をするような物体の放射能の強さを 1 Bq という。放射線の量などを表す単位として，吸収線量(単位はグレイ。記号 8＿＿＿＿＿)，実効線量(単位はシーベルト。記号 9＿＿＿＿＿)，空間線量率(単位はシーベルト毎時。記号 Sv/h）などがある。

半減期

放射性崩壊は一定の確率で起こるので，もとの放射性同位体の原子核は時間とともに減少する。このとき，もとの原子核の数が 10＿＿＿＿＿＿になるまでの時間を半減期といい，放射性同位体の種類によって決まっている。半減期が 11＿＿＿＿＿＿放射性物質は短い期間に多くの放射線を放出し，半減期が 12＿＿＿＿＿＿放射性物質は長期にわたって放射線を放出し続ける。

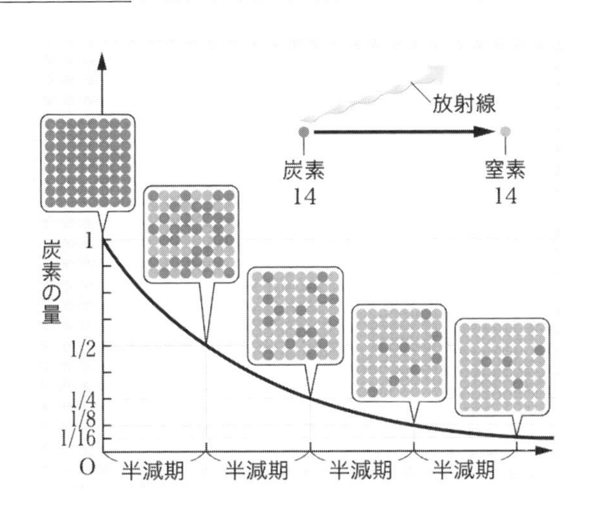

放射線の利用

放射線の性質として，13＿＿＿＿＿＿力がある，殺菌作用がある，薬品のように残存しない，物体の 14＿＿＿＿＿＿構造を変化させる，などがあげられる。こうした性質をもつ放射線は，工業や農業，医療，私たちの身のまわりなどで幅広く利用されている。

●Memo●

5－1  科学的に判断すること p.166～167 月 日

検印欄

 放射線による人体への影響

人体は放射線を浴びる(被ばくする)と，健康上の悪影響が出ることがある。その影響の大きさは，放射線の量と被ばくする時間の長さなどによる。また，下左図のように体外から放射線を浴びることを 1＿＿＿＿＿＿＿＿といい，下右図のように呼吸や食事によって体内に入った放射性物質の放射線を浴びることを 2＿＿＿＿＿＿＿＿という。

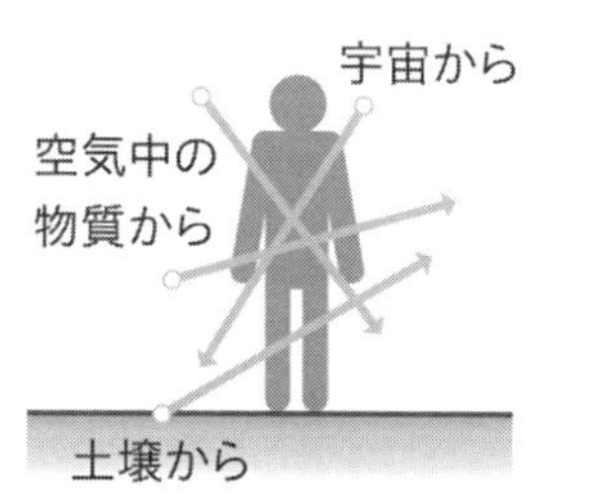

私たちは日常生活において，自然環境からの 3＿＿＿＿＿＿(自然 3＿＿＿＿＿＿)や医療機関での X 線撮影などによる 3＿＿＿＿＿＿を浴びている。その量は地域や行動，食習慣などによるが日本では 1 年間に平均 2.1 mSv 程度である。

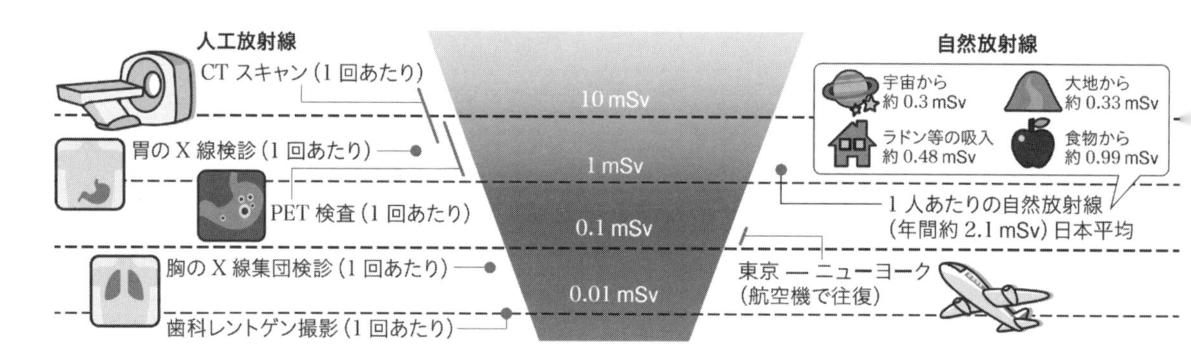

放射線の管理・防護

現在のところ，100 mSv 程度以下の被ばくによって将来的にどの程度の健康被害が生じるかなどについての科学的な結論は出ていない。だが，少しの被ばくでも何らかの影響があるかもしれないため，可能なかぎり被ばくを避けるべきだとされている。

外部被ばくを減らすためには，4________から離れる，間に鉛の板や大量の水，コンクリートなどを置く，近くにいる時間を5______するという方法がある。

原子力発電所の事故とこれから

2011 年の東日本大震災では，福島第一原子力発電所の原子炉が制御できなくなり，発生した水素が爆発して放射性物質が広範囲かつ大量に拡散するという大きな事故が起こった。事故当時から，放射線や放射能についての科学的な根拠のない噂や思い込みによる 6________や差別も問題とされている。

使用済みの核燃料や，原子炉周辺で放射能をもつようになった物質などを
7________という。放射性廃棄物は種類や濃度で区別され，必要に応じて厳重な管理のもとで処理・処分される。

必要なくなった原子炉や使えなくなった原子炉を解体したり密閉して管理したりすることを
8______という。福島第一原子力発電所の廃炉にはさまざまな困難があり，高度な技術や多くの労力が投入されている。

福島第一原子力発電所の 8______作業は，2050 年頃まで続く見込みである。現在は
6________への対策に加え，この事故を含めた東日本大震災についての意識が薄れることへの対策も考えられている。私たちは情報を適切に収集し，正確な知識をもとに科学的に判断し，これからのエネルギーの利用法やまちづくりを考えていく必要がある。

●Memo●

高校 物理基礎	ふり返りシート	年　　組　　番　名前

各単元の学習を通して，学習内容に対して，どのぐらい理解できたか，どのぐらい粘り強く学習に取り組めたか，○をつけてふり返ってみよう。また，学習を終えて，さらに理解を深めたいことや興味をもったこと，学習のすすめ方で工夫していきたいことなどを書いてみよう。

●1章1節1項　速さとその表し方(p.2)

○学習の理解度　できなかった 1　2　3　4　5 できた

○粘り強く取り組めたか　できなかった 1　2　3　4　5 できた

○学習を終えて，さらに理解を深めたいことや興味をもったこと　など

確認欄

●1章1節2項　等速直線運動(p.4)

○学習の理解度　できなかった 1　2　3　4　5 できた

○粘り強く取り組めたか　できなかった 1　2　3　4　5 できた

○学習を終えて，さらに理解を深めたいことや興味をもったこと　など

確認欄

●1章1節3項　速さと速度・変位(p.6)

○学習の理解度　できなかった 1　2　3　4　5 できた

○粘り強く取り組めたか　できなかった 1　2　3　4　5 できた

○学習を終えて，さらに理解を深めたいことや興味をもったこと　など

確認欄

●1章1節4項　速度の合成と相対速度(p.8)

○学習の理解度　できなかった 1　2　3　4　5 できた

○粘り強く取り組めたか　できなかった 1　2　3　4　5 できた

○学習を終えて，さらに理解を深めたいことや興味をもったこと　など

確認欄

●1章1節5項　加速度(p.10)

○学習の理解度　できなかった 1　2　3　4　5 できた

○粘り強く取り組めたか　できなかった 1　2　3　4　5 できた

○学習を終えて，さらに理解を深めたいことや興味をもったこと　など

確認欄

●1章1節6項　等加速度直線運動(p.12)

○学習の理解度　できなかった 1　2　3　4　5 できた

○粘り強く取り組めたか　できなかった 1　2　3　4　5 できた

○学習を終えて，さらに理解を深めたいことや興味をもったこと　など

確認欄

●1章1節7項　自由落下運動・鉛直投げ下ろし運動(p.14)

○学習の理解度	○粘り強く取り組めたか	確認欄
できなかった 1 2 3 4 5 できた	できなかった 1 2 3 4 5 できた	
○学習を終えて，さらに理解を深めたいことや興味をもったこと　など		

●1章1節8項　鉛直投げ上げ運動・水平投射運動(p.16)

○学習の理解度	○粘り強く取り組めたか	確認欄
できなかった 1 2 3 4 5 できた	できなかった 1 2 3 4 5 できた	
○学習を終えて，さらに理解を深めたいことや興味をもったこと　など		

●1章2節1項　力(p.18)

○学習の理解度	○粘り強く取り組めたか	確認欄
できなかった 1 2 3 4 5 できた	できなかった 1 2 3 4 5 できた	
○学習を終えて，さらに理解を深めたいことや興味をもったこと　など		

●1章2節2項　力の合成・分解(p.20)

○学習の理解度	○粘り強く取り組めたか	確認欄
できなかった 1 2 3 4 5 できた	できなかった 1 2 3 4 5 できた	
○学習を終えて，さらに理解を深めたいことや興味をもったこと　など		

●1章2節3項　力のつりあい(p.22)

○学習の理解度	○粘り強く取り組めたか	確認欄
できなかった 1 2 3 4 5 できた	できなかった 1 2 3 4 5 できた	
○学習を終えて，さらに理解を深めたいことや興味をもったこと　など		

●1章2節4項　作用反作用(p.24)

○学習の理解度	○粘り強く取り組めたか	確認欄
できなかった 1 2 3 4 5 できた	できなかった 1 2 3 4 5 できた	
○学習を終えて，さらに理解を深めたいことや興味をもったこと　など		

●1章2節5項　慣性の法則(p.26)

○学習の理解度	○粘り強く取り組めたか	確認欄
できなかった 1 2 3 4 5 できた	できなかった 1 2 3 4 5 できた	
○学習を終えて，さらに理解を深めたいことや興味をもったこと　など		

● 1章2節6項　運動の法則（力と加速度の関係）（p.28）

○学習の理解度	○粘り強く取り組めたか	確認欄
できなかった 1 2 3 4 5 できた	できなかった 1 2 3 4 5 できた	
○学習を終えて，さらに理解を深めたいことや興味をもったこと　など		

● 1章2節7項　運動の法則（質量と加速度の関係）（p.30）

○学習の理解度	○粘り強く取り組めたか	確認欄
できなかった 1 2 3 4 5 できた	できなかった 1 2 3 4 5 できた	
○学習を終えて，さらに理解を深めたいことや興味をもったこと　など		

● 1章2節8項　運動方程式（p.32）

○学習の理解度	○粘り強く取り組めたか	確認欄
できなかった 1 2 3 4 5 できた	できなかった 1 2 3 4 5 できた	
○学習を終えて，さらに理解を深めたいことや興味をもったこと　など		

● 1章2節9項　摩擦力（p.34）

○学習の理解度	○粘り強く取り組めたか	確認欄
できなかった 1 2 3 4 5 できた	できなかった 1 2 3 4 5 できた	
○学習を終えて，さらに理解を深めたいことや興味をもったこと　など		

● 1章2節10項　圧力と浮力（p.36）

○学習の理解度	○粘り強く取り組めたか	確認欄
できなかった 1 2 3 4 5 できた	できなかった 1 2 3 4 5 できた	
○学習を終えて，さらに理解を深めたいことや興味をもったこと　など		

● 2章1節1項　仕事（p.38）

○学習の理解度	○粘り強く取り組めたか	確認欄
できなかった 1 2 3 4 5 できた	できなかった 1 2 3 4 5 できた	
○学習を終えて，さらに理解を深めたいことや興味をもったこと　など		

● 2章1節2項　仕事の性質と仕事率（p.40）

○学習の理解度	○粘り強く取り組めたか	確認欄
できなかった 1 2 3 4 5 できた	できなかった 1 2 3 4 5 できた	
○学習を終えて，さらに理解を深めたいことや興味をもったこと　など		

●２章１節３項　運動エネルギー(p.42)

○学習の理解度	○粘り強く取り組めたか	確認欄
できなかった　1　2　3　4　5　できた	できなかった　1　2　3　4　5　できた	
○学習を終えて，さらに理解を深めたいことや興味をもったこと　など		

●２章１節４項　位置エネルギー(p.44)

○学習の理解度	○粘り強く取り組めたか	確認欄
できなかった　1　2　3　4　5　できた	できなかった　1　2　3　4　5　できた	
○学習を終えて，さらに理解を深めたいことや興味をもったこと　など		

●２章１節５項　力学的エネルギー保存の法則(p.46)

○学習の理解度	○粘り強く取り組めたか	確認欄
できなかった　1　2　3　4　5　できた	できなかった　1　2　3　4　5　できた	
○学習を終えて，さらに理解を深めたいことや興味をもったこと　など		

●２章２節１項　熱と温度(p.48)

○学習の理解度	○粘り強く取り組めたか	確認欄
できなかった　1　2　3　4　5　できた	できなかった　1　2　3　4　5　できた	
○学習を終えて，さらに理解を深めたいことや興味をもったこと　など		

●２章２節２項　温度変化に必要な熱量(p.50)

○学習の理解度	○粘り強く取り組めたか	確認欄
できなかった　1　2　3　4　5　できた	できなかった　1　2　3　4　5　できた	
○学習を終えて，さらに理解を深めたいことや興味をもったこと　など		

●２章２節３項　熱の移動と比熱の測定(p.52)

○学習の理解度	○粘り強く取り組めたか	確認欄
できなかった　1　2　3　4　5　できた	できなかった　1　2　3　4　5　できた	
○学習を終えて，さらに理解を深めたいことや興味をもったこと　など		

●２章２節４項　熱と仕事(p.54)

○学習の理解度	○粘り強く取り組めたか	確認欄
できなかった　1　2　3　4　5　できた	できなかった　1　2　3　4　5　できた	
○学習を終えて，さらに理解を深めたいことや興味をもったこと　など		

●２章２節５項　熱機関の効率(p.56)

○学習の理解度 できなかった 1 2 3 4 5 できた
○粘り強く取り組めたか できなかった 1 2 3 4 5 できた
○学習を終えて，さらに理解を深めたいことや興味をもったこと　など

確認欄

●３章１節１項　波とは何か(p.58)

○学習の理解度 できなかった 1 2 3 4 5 できた
○粘り強く取り組めたか できなかった 1 2 3 4 5 できた
○学習を終えて，さらに理解を深めたいことや興味をもったこと　など

確認欄

●３章１節２項　波の性質(p.60)

○学習の理解度 できなかった 1 2 3 4 5 できた
○粘り強く取り組めたか できなかった 1 2 3 4 5 できた
○学習を終えて，さらに理解を深めたいことや興味をもったこと　など

確認欄

●３章１節３項　横波と縦波(p.62)

○学習の理解度 できなかった 1 2 3 4 5 できた
○粘り強く取り組めたか できなかった 1 2 3 4 5 できた
○学習を終えて，さらに理解を深めたいことや興味をもったこと　など

確認欄

●３章１節４項　波の重ねあわせの原理(p.64)

○学習の理解度 できなかった 1 2 3 4 5 できた
○粘り強く取り組めたか できなかった 1 2 3 4 5 できた
○学習を終えて，さらに理解を深めたいことや興味をもったこと　など

確認欄

●３章１節５項　定在波(p.66)

○学習の理解度 できなかった 1 2 3 4 5 できた
○粘り強く取り組めたか できなかった 1 2 3 4 5 できた
○学習を終えて，さらに理解を深めたいことや興味をもったこと　など

確認欄

●３章１節６項　波の反射(p.68)

○学習の理解度 できなかった 1 2 3 4 5 できた
○粘り強く取り組めたか できなかった 1 2 3 4 5 できた
○学習を終えて，さらに理解を深めたいことや興味をもったこと　など

確認欄

● 3章2節1項　音の伝わり方(p.70)

○学習の理解度
できなかった　1　2　3　4　5　できた

○粘り強く取り組めたか
できなかった　1　2　3　4　5　できた

○学習を終えて，さらに理解を深めたいことや興味をもったこと　など

確認欄

● 3章2節2項　弦の振動(p.72)

○学習の理解度
できなかった　1　2　3　4　5　できた

○粘り強く取り組めたか
できなかった　1　2　3　4　5　できた

○学習を終えて，さらに理解を深めたいことや興味をもったこと　など

確認欄

● 3章2節3項　気柱の振動(p.74)

○学習の理解度
できなかった　1　2　3　4　5　できた

○粘り強く取り組めたか
できなかった　1　2　3　4　5　できた

○学習を終えて，さらに理解を深めたいことや興味をもったこと　など

確認欄

● 4章1節1項　静電気と電子(p.76)

○学習の理解度
できなかった　1　2　3　4　5　できた

○粘り強く取り組めたか
できなかった　1　2　3　4　5　できた

○学習を終えて，さらに理解を深めたいことや興味をもったこと　など

確認欄

● 4章1節2項　電流と電気抵抗(p.78)

○学習の理解度
できなかった　1　2　3　4　5　できた

○粘り強く取り組めたか
できなかった　1　2　3　4　5　できた

○学習を終えて，さらに理解を深めたいことや興味をもったこと　など

確認欄

● 4章1節3項　抵抗の接続(p.80)

○学習の理解度
できなかった　1　2　3　4　5　できた

○粘り強く取り組めたか
できなかった　1　2　3　4　5　できた

○学習を終えて，さらに理解を深めたいことや興味をもったこと　など

確認欄

● 4章1節4項　抵抗率(p.82)

○学習の理解度
できなかった　1　2　3　4　5　できた

○粘り強く取り組めたか
できなかった　1　2　3　4　5　できた

○学習を終えて，さらに理解を深めたいことや興味をもったこと　など

確認欄

●４章１節５項　電力と電力量(p.84)

○学習の理解度
できなかった 1 2 3 4 5 できた

○粘り強く取り組めたか
できなかった 1 2 3 4 5 できた

○学習を終えて，さらに理解を深めたいことや興味をもったこと　など

確認欄

●４章２節１項　磁場(p.86)

○学習の理解度
できなかった 1 2 3 4 5 できた

○粘り強く取り組めたか
できなかった 1 2 3 4 5 できた

○学習を終えて，さらに理解を深めたいことや興味をもったこと　など

確認欄

●４章２節２項　電磁誘導(p.88)

○学習の理解度
できなかった 1 2 3 4 5 できた

○粘り強く取り組めたか
できなかった 1 2 3 4 5 できた

○学習を終えて，さらに理解を深めたいことや興味をもったこと　など

確認欄

●４章２節３項　変圧と送電(p.90)

○学習の理解度
できなかった 1 2 3 4 5 できた

○粘り強く取り組めたか
できなかった 1 2 3 4 5 できた

○学習を終えて，さらに理解を深めたいことや興味をもったこと　など

確認欄

●４章２節４項　電磁波(p.92)

○学習の理解度
できなかった 1 2 3 4 5 できた

○粘り強く取り組めたか
できなかった 1 2 3 4 5 できた

○学習を終えて，さらに理解を深めたいことや興味をもったこと　など

確認欄

●５章１節１項　エネルギーの変換と私たちのくらし(p.94)

○学習の理解度
できなかった 1 2 3 4 5 できた

○粘り強く取り組めたか
できなかった 1 2 3 4 5 できた

○学習を終えて，さらに理解を深めたいことや興味をもったこと　など

確認欄

●５章１節２項　電気エネルギーへの変換(p.96)

○学習の理解度
できなかった 1 2 3 4 5 できた

○粘り強く取り組めたか
できなかった 1 2 3 4 5 できた

○学習を終えて，さらに理解を深めたいことや興味をもったこと　など

確認欄

●5章1節3項　原子核エネルギー(p.98)

○学習の理解度
できなかった　1　2　3　4　5　できた

○粘り強く取り組めたか
できなかった　1　2　3　4　5　できた

○学習を終えて，さらに理解を深めたいことや興味をもったこと　など

確認欄

●5章1節4項　放射線(p.100)

○学習の理解度
できなかった　1　2　3　4　5　できた

○粘り強く取り組めたか
できなかった　1　2　3　4　5　できた

○学習を終えて，さらに理解を深めたいことや興味をもったこと　など

確認欄

●5章1節5項　科学的に判断すること(p.102)

○学習の理解度
できなかった　1　2　3　4　5　できた

○粘り強く取り組めたか
できなかった　1　2　3　4　5　できた

○学習を終えて，さらに理解を深めたいことや興味をもったこと　など

確認欄

●Memo●